建设项目工程总承包管理规范实施指南

本书编委会 编

中国建筑工业出版社

图书在版编目（CIP）数据

建设项目工程总承包管理规范实施指南/本书编委会
编. —北京：中国建筑工业出版社，2018.2（2023.3重印）
ISBN 978-7-112-21699-4

Ⅰ．①建… Ⅱ．①本… Ⅲ．①建筑工程-承包合
同-范文-中国-指南 Ⅳ.①D923.64-62

中国版本图书馆CIP数据核字（2017）第322307号

　　本书是规范编制组编写的《建设项目工程总承包管理规范实施指南》，内容与
规范对应，共17章，包括：1. 总则；2. 术语；3. 工程总承包管理的组织；4. 项
目策划；5. 项目设计管理；6. 项目采购管理；7. 项目施工管理；8. 项目试运行
管理；9. 项目风险管理；10. 项目进度管理；11. 项目质量管理；12. 项目费用管
理；13. 项目安全、职业健康与环境管理；14. 项目资源管理；15. 项目沟通与信
息管理；16. 项目合同管理；17. 项目收尾。

　　本书适合于设计、施工、项目管理咨询、监理、科研、学校等有关专业人士
参考使用。

　　责任编辑：赵晓菲　张　磊
　　责任设计：李志立
　　责任校对：李美娜

建设项目工程总承包管理规范实施指南
本书编委会　编

*

中国建筑工业出版社出版、发行（北京海淀三里河路9号）
各地新华书店、建筑书店经销
霸州市顺浩图文科技发展有限公司制版
北京建筑工业印刷厂印刷

*

开本：787×1092毫米　1/16　印张：14½　字数：323千字
2018年2月第一版　　2023年3月第八次印刷
定价：**58.00**元
ISBN 978-7-112-21699-4
（37475）

本书编写委员会

主 编 单 位　　中国石油和化工勘察设计协会
　　　　　　　　中国勘察设计协会建设项目管理和工程总承包分会
副主编单位　　中国寰球工程有限公司
参 编 单 位　　中国石化工程建设有限公司
　　　　　　　　中冶京诚工程技术有限公司
　　　　　　　　中国天辰工程有限公司
　　　　　　　　中国石油管道局工程有限公司
　　　　　　　　中国成达工程有限公司
　　　　　　　　中国海诚工程科技股份有限公司
　　　　　　　　中冶赛迪集团有限公司
　　　　　　　　中国电力工程顾问集团华北电力设计院有限公司
　　　　　　　　天津大学
　　　　　　　　同济大学
　　　　　　　　北京理工大学
　　　　　　　　中国联合工程公司
　　　　　　　　中国恩菲工程技术有限公司
　　　　　　　　中铁第四勘察设计院集团有限公司
　　　　　　　　中国电子工程设计院
顾　　　　问　　袁　纽　中国勘察设计协会建设项目管理和工程总承包分会
　　　　　　　　　　　　名誉会长
　　　　　　　　王新革　中国寰球工程有限公司　总经理
　　　　　　　　徐　建　中国机械工业集团有限公司　总经理
　　　　　　　　李国清　中国石油化工集团公司　工程部主任
　　　　　　　　黄勇华　中国寰球工程有限公司　副总经理
主 任 委 员　　荣世立　中国石油和化工勘察设计协会理事长、中国勘察设计
　　　　　　　　　　　　协会建设项目管理和工程总承包分会会长　高级工
　　　　　　　　　　　　程师
副主任委员　　李　森　中国寰球工程有限公司　教授级高工
　　　　　　　　齐福海　中国勘察设计协会建设项目管理和工程总承包分会
　　　　　　　　　　　　副会长兼秘书长　教授级高工

3

委　　员	张秀东	中国石化工程建设有限公司　教授级高工
	曹　钢	中冶京诚工程技术有限公司　教授级高工
	王春光	中国天辰工程有限公司　教授级高工
	李超建	中国石油管道局工程有限公司　高级工程师
	王　瑞	中国寰球工程有限公司　教授级高工
	李　健	中国成达工程有限公司　教授级高工
	孙复斌	中国寰球工程有限公司　教授级高工
	马云杰	中国海诚工程科技股份有限公司　教授级高工
	张　志	中国电力工程顾问集团华北电力设计院有限公司　教授级高工
	张水波	天津大学　教授
	乐　云	同济大学　教授
	陈　翔	北京理工大学　教授
	周可为	中冶赛迪集团有限公司　教授级高工
	闻振华	中国联合工程公司　教授级高工
	王国九	中国恩菲工程技术有限公司　教授级高工
	周全能	中铁第四勘察设计院集团有限公司　教授级高工
	姜玉勤	中国电子工程设计院　教授级高工

主　　编	荣世立	李　森				
副 主 编	齐福海	张秀东	王春光	李超建	王　瑞	
编 写 人 员	荣世立	李　森	齐福海	张秀东	曹　钢	王春光　李超建
	王　瑞	李　健	孙复斌	马云杰	张　志	张水波　乐　云
	陈　翔	周可为	闻振华	王国九	周全能	姜玉勤　戚晓曦
	徐墅阳	闫　立	夏刚宁	林丽巧	邱飞雨	刘文平　陈伟源
	伊　恒					

序

工程总承包是国际通行的建设项目组织实施方式。20世纪80年代初，我国勘察设计行业开始探索推行工程总承包，化工行业推行工程总承包起步最早，走在了前列。1982年化工部印发了《关于改革现行基本建设管理体制，实行以设计为主体的工程总承包制的意见》，1994年又印发了《关于创建国际型工程公司的规划意见》。化工设计企业按照文件要求，借鉴国际上大型工程公司的经验，从80年代起步，对设计院进行了功能性、体制性改革，建立了与工程总承包相适应的组织机构、管理制度和人才队伍，努力创建国际型工程公司，取得了优异的成绩。经过30多年的发展，石油和化工设计企业每年在国内外完成的工程总承包项目一直名列全国勘察设计行业前茅，中国寰球、SEI、中国天辰、中国成达、中国五环等企业已经成为我国勘察设计单位开展工程总承包的典范。

1999年《国务院办公厅转发建设部等部门关于工程勘察设计单位体制改革若干意见的通知》下发以后，电力、冶金、建材、机械、有色、轻工、纺织、核工业、水运、铁道等行业的工程设计单位积极探索工程总承包，努力创建工程公司。近几年来，电力、机械、冶金、水利水电、建材等行业年完成工程总承包合同额逐年递增，形成了良好的发展态势。

2016年2月，中共中央、国务院印发了《关于进一步加强城市规划建设管理工作的若干意见》，明确提出要"深化建设项目组织实施方式改革，推广工程总承包制"。2017年2月，国务院办公厅印发了《关于促进建筑业持续健康发展的意见》，提出要"加快推行工程总承包"、"培育全过程工程咨询"。为贯彻落实中共中央、国务院关于进一步加强城市规划建设管理工作的若干意见，住房和城乡建设部于2016年5月印发了《关于进一步推进工程总承包发展的若干意见》。与此同时，浙江、上海、福建、广东、广西、湖南、湖北、四川、吉林等多个省市陆续开展了工程总承包试点，房屋建筑和市政行业的工程总承包市场不断扩大。

多年的实践证明，发展我国的工程总承包事业，国家层面必须做好全方位、全生命周期项目管理的顶层设计，正确处理好工程设计、采购、施工、试运行之间的辩证关系。企业必须健全组织机构、完善制度、明确责任，坚持科学管理，走市场化、科学化、规范化、信息化、国际化的发展道路。

在近30多年工程总承包实践的基础上对《建设项目工程总承包管理规范》（GB/T 50358—2005）进行修订，是我国几代人心血付出和研究成果的积累，是工程总承包项目管理知识、技术、方法和经验的总结和传承。为帮助工程总承包从业人员更好地学习和理解《建设项目工程总承包管理规范》，由中国石油和化工勘察设计协会、中国勘察设计协会建设项目管理和工程总承包分会组织《规范》主要起草专家撰写了《建设项目工程总承包管理规范实施指南》，这对企业建立和完善与工程总承包相适应的组织机构和管理制度、加快培育以项目经理为主的各岗位项目管理人才、推动勘察设计企业功能性改革将具有重要指导意义。切望大家在中国奋搏前进的步伐中潜心学习《建设项目工程总承包管理规范实施指南》，把《建设项目工程总承包管理规范》扎实运用到工程项目管理实践中去，努力做到工程项目管理的科学化、规范化、国际化。

作为长期致力于推动我国工程总承包事业的实践者，看到国家和各级政府部门对开展工程总承包的高度重视，看到我国工程公司在国内外建设项目管理和工程总承包市场中不断取得优异成绩，看到行业中有一批富有理论和实践经验的新生力量在积极总结推广工程项目管理的知识和经验，矢志不渝地推动工程总承包的发展，由衷地感到欣慰和自豪。我相信，随着工程总承包市场的不断扩大，《建设项目工程总承包管理规范》一定会在更多的企业实践中开花结果。

袁纽

2017 年 12 月 10 日

袁纽先生简介

袁纽先生曾担任原化工部建设协调司副司长、中国石油和化工勘察设计协会理事长、中国勘察设计协会副理事长、中国勘察设计协会建设项目管理和工程总承包分会会长等职，现任中国石油和化工勘察设计协会名誉理事长、中国勘察设计协会建设项目管理和工程总承包分会名誉会长，是推动我国勘察设计企业深化体制、机制和功能性改革、创建国际型工程公司、大力开展建设项目管理和工程总承包的重要领军人物，深受业内人士的爱戴。

前　言

工程总承包是建设项目的组织实施方式之一，在发达国家已有多年的运用历史，我国从 20 世纪 80 年代初开始推行工程总承包以来，已在工程建设实践中积累了丰富的经验。

2005 年 5 月 9 日，建设部发布了第 325 号公告，批准了国家标准《建设项目工程总承包管理规范》GB/T 50358—2005（以下简称《规范》）。这是有史以来我国发布的第一部建设项目工程总承包管理规范。《规范》的发布实施，对于提高建设项目工程总承包管理水平，推进我国工程总承包管理模式与国际接轨，起到了积极的作用。

2014 年，住房和城乡建设部下发了《关于印发〈2014 年工程建设标准规范制订、修订计划〉的通知》（建标〔2013〕169 号），下达了《建设项目工程总承包管理规范》修订计划，新规范编制组经深入的调查研究，参考有关国际标准，在广泛征求意见的基础上，对原规范进行了修订。2017 年 5 月 4 日，住房和城乡建设部发布了第 1535 号公告，《建设项目工程总承包管理规范》GB/T 50358—2017（以下简称新版规范）于 2018 年 1 月 1 日起实施。

新版规范包括 17 章内容：1. 总则；2. 术语；3. 工程总承包管理的组织；4. 项目策划；5. 项目设计管理；6. 项目采购管理；7. 项目施工管理；8. 项目试运行管理；9. 项目风险管理；10. 项目进度管理；11. 项目质量管理；12. 项目费用管理；13. 项目安全、职业健康与环境管理；14. 项目资源管理；15. 项目沟通与信息管理；16. 项目合同管理；17. 项目收尾。

新版规范在原规范的基础上进行了梳理优化。删除了原规范"工程总承包管理内容与程序"一章，其内容并入相关章节条文说明；增加了"项目风险管理"、"项目收尾"两章；将原规范相关章节的变更管理统一归集到"项目合同管理"一章；对其他章节部分条款按相关规定做了适当修改。新版规范从质量、安全、费用、进度、职业健康、环境保护和风险管理入手，并将其贯穿于设计、采购、施工和试运行全过程，全面阐述工程总承包项目的全过程管理。

为便于广大设计、施工、项目管理咨询、监理、科研、学校等单位有关人员系统深入地理解新版规范，由中国石油和化工勘察设计协会和中国勘察设计协会建设项目管理和工程总承包分会作为主编单位，中国寰球工程有限公司作为副主编单位，组织新版规范编写组部分专家以及具有工程总承包项目管理实践经验的资深专家成立编委会和编写组，起草编制了《建设项目工程总承包管理规范实施指南》（以下简称《指南》）。

本《指南》第 1 章总则、第 2 章术语、第 3 章工程总承包管理的组织、第 4 章项目策划由李森负责编写；第5章项目设计管理由孙复斌负责编写；第6章项目采购管理由王瑞负责编写；第7章项目施工管理由王春光负责编写；第8章项目试运行管理由孙复斌负责编写；第9章项目风险管理由李超建负责编写；第10章项目进度管理由李健负责编写；第11章项目质量管理由李超建负责编写；第12章项目费用管理由张秀东负责编写；第13章项目安全、职业健康与环境管理由李超建负责编写；第14章项目资源管理由张志负责编写；第15章项目沟通与信息管理由王瑞负责编写；第16章项目合同管理由马云杰负责编写；第17章项目收尾由王春光负责编写。参编人员还有：曹钢、张水波、乐云、陈翔、周全能、周可为、姜玉琴、王国九、闻振华、戚晓曦、徐墅阳、闫立、夏刚宁、林丽巧、邱飞雨、刘文平、陈伟源、伊恒等。

本《指南》由中国寰球工程有限公司李森负责统稿。李森、王瑞、孙复斌、徐墅阳、戚晓曦、林丽巧参加了统稿工作。中国石油和化工勘察设计协会、中国勘察设计协会建设项目管理和工程总承包分会荣世立、齐福海负责审稿。

为使本《指南》更具适用性、可操作性和对实践的指导性，编写组和统稿团队全体人员开展了广泛深入的调研，搜集了大量的工程实践资料，进行了系统的总结与提炼，倾注了大量的心血。在本《指南》的编写和统稿过程中还得到了彭振河、舒小芹、黄云松、张军、都浩、王岩、孙希华、廖云龙、张章、白璐、刘浩燃、徐锋、方一宇、崔月冬、国滨、高乾宇、颜聪枝、张晓光的支持，在此表示衷心感谢。

目前，我国建设项目工程总承包管理尚处于发展阶段，在本《指南》的编写和统稿过程中，虽经反复推敲核证，仍难免有不妥或疏漏之处，恳请广大读者提出宝贵意见。

2017年11月29日

目　　录

第1章 总 则

1.0.1 为提高建设项目工程总承包管理水平，促进建设项目工程总承包管理的规范化，推进建设项目工程总承包管理与国际接轨，制定本规范。

[详解]

　　1 本规范是规范建设项目工程总承包管理活动的基本依据。

　　2 本规范是对工程总承包企业的基本要求。

　　3 "规范化"是指统一建设项目工程总承包管理的行为和活动。

　　4 "与国际接轨"是指采用国际先进的项目管理模式、程序、技术和方法。

1.0.2 本规范适用于工程总承包企业和项目组织对建设项目的设计、采购、施工和试运行全过程的管理。

[详解]

　　1 工程总承包项目过程管理包括产品实现过程的管理和项目管理过程的管理。产品实现过程的管理包括设计、采购、施工和试运行的管理。项目管理过程的管理包括项目启动、项目策划、项目实施、项目控制和项目收尾的管理。

　　2 项目部在实施项目过程中，每一管理过程需体现策划（plan）、实施（do）、检查（check）、处置（action）即 PDCA 循环。

　　3 工程总承包企业管理者提供必要的资源，实施项目过程管理，组织监视、测量、分析、评价和改进，通过管理评审回到管理职责的闭环，开始新的 PDCA 循环。

1.0.3 建设项目工程总承包管理除应符合本规范外，尚应符合国家现行有关标准的规定。

[详解]

　　1 本规范的编制，既遵守了国家现行相关标准，又考虑到与现行相关标准之间的协调。

　　2 本规范在遵守国家现行相关标准的基础上，推荐国际上已普遍采用的先进经验，实现与国际惯例接轨。

第 2 章 术 语

2.0.1 工程总承包 engineering procurement construction（EPC）contracting/design-build contracting

依据合同约定对建设项目的设计、采购、施工和试运行实行全过程或若干阶段的承包。

[详解]

1 工程总承包可以是全过程的承包，也可以是分阶段的承包。工程总承包的范围、承包方式、责权利等由合同约定。工程总承包有下列方式：

（1）设计采购施工（EPC)/交钥匙工程总承包，即工程总承包企业依据合同约定，承担设计、采购、施工和试运行工作，并对承包工程的质量、安全、费用、进度、职业健康和环境保护等全面负责。

（2）设计-施工总承包（D-B），即工程总承包企业依据合同约定，承担工程项目的设计和施工，并对承包工程的质量、安全、费用、进度、职业健康和环境保护等全面负责。

（3）根据工程项目的不同规模、类型和项目发包人要求，工程总承包还可采用设计-采购总承包（E-P）和采购-施工总承包（P-C）等方式。

2 建设项目是指需要一定量的投资，经过决策和实施（设计、采购、施工和试运行）的一系列过程，在一定的约束条件下以形成固定资产为明确目标的一次性事业。本规范简称项目。

3 项目发包人是具有项目发包主体资格和支付工程价款能力的当事人或取得该当事人资格的合法继承人，也称项目业主。

4 项目承包人是在合同协议书中约定，被项目发包人接受的具有工程总承包主体资格的当事人或取得该当事人资格的合法继承人，也称总承包商。

5 项目分包人是项目承包人依据与项目发包人签订的工程总承包合同约定，依法将项目中的部分工程或服务发包给具有相应资格的当事人，也称分包商。项目分包人按照分包合同的约定对项目承包人负责。

2.0.2 项目部 project management team

在工程总承包企业法定代表人授权和支持下，为实现项目目标，由项目经理组建并领导的项目管理组织。

[详解]

1 项目部是工程总承包企业为履行项目合同而临时组建的项目管理组织，由项目经理负责组建。项目部在项目经理领导下负责工程总承包项目的计划、组织、实施、控制和收尾等工作。

2　项目部是一次性组织，随着项目启动而建立，随着项目结束而解散。项目部从履行项目合同的角度对工程总承包项目实行全过程的管理，工程总承包企业的职能部门按照职能规定对项目实施全过程进行支持，构成项目实施的矩阵式管理。

3　项目部的主要成员，如设计经理、采购经理、施工经理、试运行经理和财务经理等，分别接受项目经理和工程总承包企业职能部门的管理。

4　项目经理是指工程总承包企业法定代表人在工程总承包项目上的委托代理人。

项目经理是工程总承包企业内部设置的岗位职务，由工程总承包企业任命，人选要经项目发包人认可。项目经理经过授权，代表工程总承包企业履行工程总承包合同，工程总承包企业实行项目经理负责制。

5　项目经理负责制是以项目经理为责任主体的工程总承包项目管理目标责任制度。项目经理负责制又称项目经理责任制。

6　项目管理目标责任书依据企业的经营管理目标、项目管理制度和工程总承包合同要求制定，是工程总承包企业法定代表人依据工程总承包合同和企业经营目标，规定项目经理和项目部需达到的质量、安全、费用、进度、职业健康和环境保护等控制目标的文件。

2.0.3　项目管理　project management

在项目实施过程中对项目的各方面进行策划、组织、监测和控制，并把项目管理知识、技能、工具和技术应用于项目活动中，以达到项目目标的全部活动。

[详解]

1　项目管理一词在不同的应用领域有各种不同的解释。广义的项目管理解释，如美国项目管理学会（Project Management Institute-PMI）标准《项目管理知识体系指南》（A guide to the project management body of knowledge-PMBOK）定义：项目管理是把项目管理知识、技能、工具和技术用于项目活动中，以达到项目目标。ISO 10006《项目管理质量指南》（Guidelines to quality in project management）定义：项目管理包括在项目连续过程中对项目的各方面进行策划、组织、监测和控制等活动，以达到项目目标。

2　本规范中项目管理是指工程总承包企业对工程总承包项目进行的项目管理，包括设计、采购、施工和试运行全过程的质量、安全、费用和进度等全方位的策划、组织实施、控制和收尾等。本规范所指项目管理适用于工程总承包项目管理应用领域。

2.0.4　项目管理体系　project management system

为实现项目目标，保证项目管理质量而建立的，由项目管理各要素组成的有机整体。通常包括组织机构、职责、资源、过程、程序和方法。项目管理体系应形成文件。

[详解]

1　项目管理体系需与企业的其他管理体系如质量管理体系、环境管理体系和职业健康安全管理体系等相容或互为补充。

2　项目管理体系是从过程的观点看组织管理，过程包含要素。

3 工程总承包企业建立的项目管理体系要覆盖设计、采购、施工和试运行全过程。

2.0.5 项目启动 project initiating

正式批准一个项目成立并委托实施的活动。由工程总承包企业在合同条件下任命项目经理、组建项目部。

[详解]

1 工程总承包项目启动与项目发包人项目启动的区别是：通常项目发包人的项目启动包括项目建议书、可行性研究报告、评估和批准立项；工程总承包项目启动主要指工程总承包合同签订后任命项目经理、组建项目部。

2 项目策划是依据项目目标，从各种备选的活动方案中选择最优方案。项目策划过程的输出是项目管理计划和项目实施计划。

3 工程总承包项目管理把项目策划纳入管理程序，并将其作为一个过程来管理。

2.0.6 项目管理计划 project management plan

项目管理计划是一个全面集成、综合协调项目各方面的影响和要求的整体计划，是指导整个项目实施和管理的依据。

[详解]

1 项目管理计划由项目经理组织编制，向工程总承包企业管理层阐明管理合同项目的方针、原则、对策和建议。

2 项目管理计划是企业内部文件，可以包含企业内部信息，例如风险和利润等，不向项目发包人提交。项目管理计划批准之后，由项目经理组织编制项目实施计划。

2.0.7 项目实施计划 project execution plan

依据合同和经批准的项目管理计划进行编制并用于对项目实施进行管理和控制的文件。

[详解]

1 项目实施计划是项目实施的指导性文件，项目实施计划需报项目发包人确认，并作为项目实施的依据。

2 依据工程总承包项目实施计划指导和协调各方面的单项计划，例如设计执行计划、采购执行计划、施工执行计划、试运行执行计划、质量计划、安全管理计划、职业健康管理计划、环境保护计划、进度计划和财务计划等，以保证项目协调、连贯地顺利进行。

2.0.8 赢得值 earned value

已完工作的预算费用（budgeted cost for work performed），用以度量项目进展完成状态的尺度。赢得值具有反映进度和费用的双重特性。

[详解]

1 采用赢得值管理技术对项目的费用、进度综合控制，可以克服过去费用、进度分开控制的缺点：即当费用超支时，很难判断是由于费用超出预算，还是由于进度提前；当费用低于预算时，很难判断是由于费用节省，还是由于进度拖延。引入赢得值管理技术即可定量地判断进度、费用的执行效果。

2 用赢得值管理技术进行费用、进度综合控制，基本参数有三项：

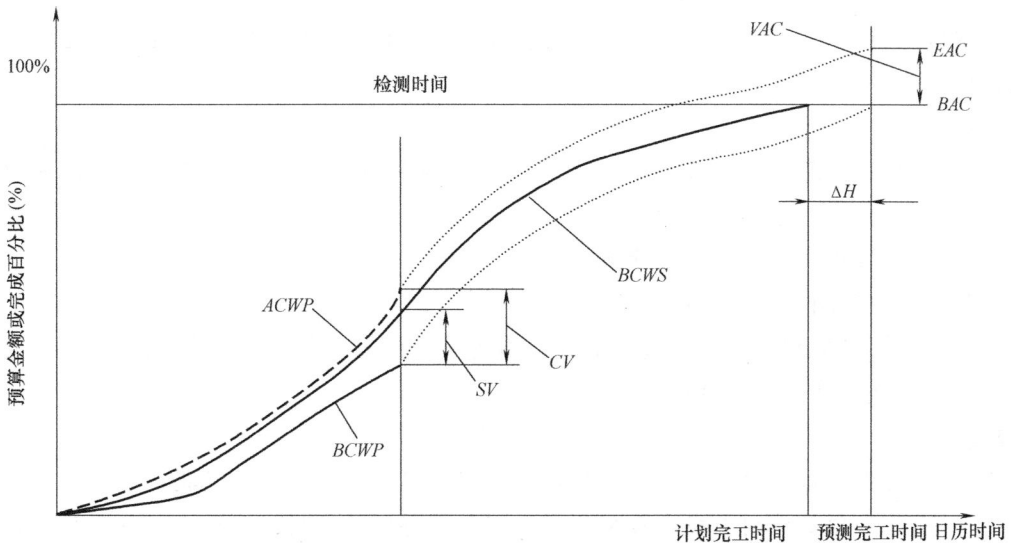

图 2-1　赢得值曲线图

（1）计划工作的预算费用（budgeted cost for work scheduled-BCWS）；

（2）已完工作的预算费用（budgeted cost for work performed-BCWP）；

（3）已完工作的实际费用（actual cost for work performed-ACWP）；

其中 BCWP 即所谓赢得值。

在项目实施过程中，以上三个参数可以形成三条曲线，即 BCWS、BCWP、AC-WP 曲线，如图 2-1 所示。

图 2-1 中：$CV=BCWP-ACWP$，由于两项参数均以已完工作为计算基准，所以两项参数之差，反映项目进展的费用偏差。

$CV=0$，表示实际消耗费用与预算费用相符（on budget）；

$CV>0$，表示实际消耗费用低于预算费用（under budget）；

$CV<0$，表示实际消耗费用高于预算费用，即超预算（over budget）。

$SV=BCWP-BCWS$，由于两项参数均以预算值作为计算基准，所以两者之差，反映项目进展的进度偏差。

$SV=0$，表示实际进度符合计划进度（on schedule）；

$SV>0$，表示实际进度比计划进度提前（ahead）；

$SV<0$，表示实际进度比计划进度拖后（behind）。

采用赢得值管理技术进行费用、进度综合控制，还可以根据当前的进度、费用偏差情况，通过原因分析，对趋势进行预测，预测项目结束时的进度、费用情况。

BAC（budget at completion）为项目完工预算；

EAC（estimate at completion）为预测的项目完工估算；

VAC（variance at completion）为预测项目完工时的费用偏差；

$VAC=BAC-EAC$。

2.0.9 项目实施 project executing

执行项目计划的过程。项目预算的绝大部分将在执行本过程中消耗，并逐渐形成项目产品。

[详解]

1 项目实施是执行项目计划并形成项目产品的过程。在这个过程中项目部的大量工作是组织和协调。

2 项目实施按照项目计划开展工作。

2.0.10 项目控制 project control

通过定期测量和监控项目进展情况，确定实际值与计划基准值的偏差，并采取适当的纠正措施，确保项目目标的实现。

[详解]

1 项目控制是预防和发现与既定计划之间的偏差，并采取纠正措施。

2 通常在项目计划中规定控制基准，例如赢得值管理技术中进度、费用控制基准（计划工作的预算费用 BCWS）。通常只有在项目范围变更的情况下才允许变更控制基准。

3 工程总承包项目主要的控制有综合变更控制、范围变更控制、质量控制、风险控制、费用控制和进度控制等。

2.0.11 项目收尾 project close-out

项目被正式接收并达到有序的结束。项目收尾包括合同收尾和项目管理收尾。

[详解]

1 项目收尾包括两个方面的内容：一是合同收尾，完成合同规定的全部工作和决算，解决所有未了事项；二是管理收尾，收集、整理和归档项目文件，总结经验和教训，评价项目执行效果，为以后的项目提供参考。

2 项目收尾是项目生命周期的最后一个阶段。当项目的目标已经实现，或者项目阶段的所有工作均已经完成，或者虽然有些任务尚未完成，但由于某种特殊原因停止时，项目部要做好项目的完成、收尾工作。

3 合同收尾过程是合同管理四个阶段（合同准备阶段、合同签约阶段、合同实施阶段、合同终结阶段）的最后阶段，即合同终结阶段。

4 管理收尾包括一系列繁杂、琐碎的工作，是全面考察项目实施工作成果的重要阶段。在此阶段，项目经理要组织收尾团队做好下列主要工作：

（1）收集、整理项目文件，建立项目文档；

（2）发布项目信息；

（3）组织项目验收和移交；

（4）项目总结及经验教训；

（5）完工结算及效果分析；

（6）团队解散及人员评价；

（7）项目回访及项目后评价。

2.0.12 设计 engineering

将项目发包人要求转化为项目产品描述的过程。即按合同要求编制建设项目设计文件的过程。

[详解]

1 根据我国基本建设程序，一般分为初步设计和施工图设计两个阶段。对于技术复杂而又缺乏设计经验的项目，经主管部门指定按初步设计、技术设计和施工图设计三个阶段进行。为实现设计程序和方法与国际接轨，有些工程项目已经采用发达国家的设计程序和方法，设计阶段划分为工艺（方案、概念）设计、基础工程设计和详细工程设计三个阶段，其深度和设计成品与国内初步设计和施工图设计有所不同。

2 通常国内工程项目按初步设计和施工图设计的深度规定进行设计，涉外项目当项目发包人有要求时可按国际惯例进行设计。

2.0.13 采购 procurement

为完成项目而从执行组织外部获取设备、材料和服务的过程。包括采买、催交、检验和运输的过程。

[详解]

1 广义的采购，包括设备、材料的采购和设计、施工及劳务采购。

2 本规范的采购是指设备、材料的采购，而把设计、施工、劳务及租赁采购称为项目分包。

3 采买是从接受请购文件到签订采购合同（订单）的过程。其工作内容包括：选择询价厂商、编制询价文件、获得报价书、评标、合同谈判、签订采购合同等。

采买工程师（采买员）是采购工作的一个专业岗位，其工作范围是从接受请购单起到签订采购合同止。其中经过选择供应商，编制询价文件，询价，获得报价书，评标，合同谈判，最终签订采购合同。采购合同签订之后，催交、检验、运输等工作交由相关专业人员完成；但在某种情况下，采购工作也可不按采买、催交、检验、运输等专业来分工，而是按照设备、电气、仪表等产品来分工。

4 催交是协调、督促供应商依据采购合同约定的进度交付文件和货物。

催交工程师（催交员）是采购工作的一个专业岗位，其工作范围是在采购合同签订之后，负责协调、督促供应商依据合同约定的进度交货。催交工作还包括督促供应商提交设计条件资料和供设计审查的制造图纸。

5 检验是通过观察和判断，适当时结合测量、试验所进行的符合性评价。

检验工程师（检验员）是采购工作的一个专业岗位，其工作范围是制定检验计划，协调、督促和落实检验计划的实施；采购检验的性质属于验证性质。检验人员的任何认可、同意、接收，均不能解除供应商对设备、材料的质量责任。对于某些特殊设备、材料，必要时可以委托第三方检验机构承担检验任务。

6 运输是将采购货物及时、安全运抵合同约定地点的活动。

运输工程师是采购工作的一个专业岗位，其工作范围是负责设备、材料出厂之后，督办所采购的货物及时、安全运抵合同约定地点。督办工作包括：选择运输方式和运输公司，签订运输合同，办理运输保险，报关、清关，沿途道路、桥梁的加固（若有），以及办理运抵合同约定地点后的交接手续等。

2.0.14 施工 construction

把设计文件转化为项目产品的过程，包括建筑、安装、竣工试验等作业。

2.0.15 试运行 commissioning

依据合同约定，在工程完成竣工试验后，由项目发包人或项目承包人组织进行的包括合同目标考核验收在内的全部试验。

［详解］

试运行在不同的领域表述不同，例如试车、开车、调试、联动试车、整套（或整体）试运、联调联试、竣工试验和竣工后试验等。

2.0.16 项目范围管理 project scope management

对合同中约定的项目工作范围进行的定义、计划、控制和变更等活动。

2.0.17 项目进度控制 project schedule control

根据进度计划，对进度及其偏差进行测量、分析和预测，必要时采取纠正措施或进行进度计划变更的管理。

［详解］

1 项目进度控制是以项目进度计划为控制基准，通过定期对进度绩效的测量，计算进度偏差，并对偏差原因进行分析，采取相应的纠正措施。

2 当项目范围发生较大变化，或出现重大进度偏差时，经过批准可调整进度计划。

3 项目进度管理是确保项目依据合同约定时间完成所需的过程。它主要涉及活动定义、活动排序、活动历时估算、进度计划编制和进度控制等。

2.0.18 项目费用管理 project cost management

保证项目在批准的预算内完成所需的过程。它主要涉及资源计划、费用估算、费用预算和费用控制等。

［详解］

本规范所指项目费用是指工程总承包项目的费用，其范围仅包括合同约定的范围，不包括合同范围以外由项目发包人承担的费用。

2.0.19 项目费用控制 project cost control

以费用预算计划为基准，对费用及其偏差进行测量、分析和预测，必要时采取纠正措施或进行费用预算（基准）计划变更管理。

［详解］

1 项目费用控制是以项目费用预算为控制基准，通过定期对费用绩效的测量，计算费用偏差，对偏差原因进行分析，采取相应的纠正措施。

2 当项目范围发生较大变化，或出现重大费用偏差时，经批准可调整项目费用预算。

2.0.20 项目质量计划 project quality plan

依据合同约定的质量标准，提出如何满足这些标准，并由谁及何时应使用哪些程序和相关资源。

[详解]

1　项目质量管理是为确保建设项目的质量满足要求而进行的计划、组织、指挥、协调和控制等活动。

2　项目质量管理是使建设项目的固有特性达到满足顾客和其他相关方要求的程度而进行的管理工作。

3　项目质量计划是指为实现项目的目标，而对项目质量管理进行规划，它包括制定项目质量的目标、确定拟采用质量体系的目标及其所要求的活动。

2.0.21　项目质量控制　project quality control

为使项目的产品质量符合要求，在项目的实施过程中，对项目质量的实际情况进行监督，判断其是否符合相关的质量标准，并分析产生质量问题的原因，从而制定出相应的措施，确保项目质量持续改进。

[详解]

1　项目质量控制的目的是采取一定的措施消除质量偏差，追求质量零缺陷。项目质量控制需贯穿于项目质量管理的全过程。

2　在项目质量管理的全过程中，对设计、采购、施工和试运行接口关系实施重点监控。

2.0.22　项目人力资源管理　project human resource management

通过组织策划、人员获得、团队开发等过程，使参加项目的人员能够被最有效地使用。

[详解]

1　项目部主要人员由工程总承包企业委派。

2　项目经理依据合同约定进行项目人力资源的动态管理。

2.0.23　项目信息管理　project information management

对项目信息的收集、整理、分析、处理、存储、传递与使用等活动。

[详解]

1　项目部按照工程总承包企业的要求以及合同约定进行项目信息管理。

2　项目部做好信息管理计划、文件管理、信息安全和保密等管理工作。

2.0.24　项目风险　project risk

由于项目所处的环境和条件的不确定性以及受项目干系人主观上不能准确预见或控制等因素的影响，使项目的最终结果与项目干系人的期望产生偏离，并给项目干系人带来损失的可能性。

[详解]

1　项目风险存续于项目的整个生命期，除了具有一般意义的风险特征外，由于项目的一次性、独特性、组织的临时性和开放性等特征，对于不同项目，其风险特征各有不同。

2 项目风险管理需强调对项目组织、项目风险、风险管理的动态性以及各阶段过程的有效管理。

3 项目干系人是参与项目，或其利益与项目有直接或间接关系的人或组织。

2.0.25 项目风险管理 project risk management

对项目风险进行识别、分析、应对和监控的过程。包括把正面事件的影响概率扩展到最大，把负面事件的影响概率减少到最小。

[详解]

项目风险管理是通过风险识别、风险分析和风险评价认识项目的风险，并合理地使用各种应对措施、管理方法、技术和手段，对项目风险实行有效地应对和监控，妥善处理风险事件所造成的不利后果，保证项目总体目标的实现。

2.0.26 项目安全管理 project safety management

对项目实施全过程的安全因素进行管理。包括制定安全方针和目标，对项目实施过程中与人、物和环境安全有关的因素进行策划和控制。

[详解]

1 项目部按照工程总承包企业的要求以及合同约定进行项目安全管理。

2 项目安全管理贯穿于设计、采购、施工和试运行各阶段。

3 项目部按照国家现行有关法律法规履行安全生产责任。

2.0.27 项目职业健康管理 project occupational health management

对项目实施全过程的职业健康因素进行管理。包括制定职业健康方针和目标，对项目的职业健康进行策划和控制。

[详解]

1 项目部按照工程总承包企业的要求以及合同约定进行项目职业健康管理。

2 项目职业健康管理贯穿于设计、采购、施工和试运行各阶段。

3 项目部按照国家现行有关法律法规履行职业健康管理责任。

2.0.28 项目环境管理 project environmental management

在项目实施过程中，对可能造成环境影响的因素进行分析、预测和评价，提出预防或减轻不良环境影响的对策和措施，并进行跟踪和监测。

[详解]

1 项目部按照工程总承包企业的要求以及合同约定进行项目环境管理。

2 项目环境管理贯穿于设计、采购、施工和试运行各阶段。

3 项目部按照国家现行有关法律法规履行环境管理责任。

2.0.29 工程总承包合同 EPC contract

项目承包人与项目发包人签订的对建设项目的设计、采购、施工和试运行实行全过程或若干阶段承包的合同。

[详解]

工程总承包合同的订立由工程总承包企业负责。

2.0.30　采购合同　procurement contract

项目承包人与供应商签订的供货合同。采购合同可称为采买订单。

[详解]

采购合同或订单要完整、准确、严密、合法。

2.0.31　分包合同　subcontract

项目承包人与项目分包人签订的合同。

[详解]

1　分包合同从广义上说，是指工程总承包企业为完成工程总承包合同，把部分工程或服务分包给其他组织所签订的合同。可以有设计分包合同、采购分包合同、施工分包合同和试运行分包合同等，都属于工程总承包合同的分包合同。

2　分包合同管理纳入建设项目的合同管理范围，并与工程总承包合同管理保持协调一致。

2.0.32　缺陷责任期　defects notification period

从合同约定的交工日期算起，项目发包人有权通知项目承包人修复工程存在缺陷的期限。

[详解]

1　缺陷责任期一般应为 12 个月，最长不超过 24 个月。

2　缺陷责任期满项目发包人需按合同约定向项目承包人返还质保金或保函等。

3　在缺陷责任期，项目承包人依据合同约定对设计、采购、施工的质量负责，不对设备设施的操作和维护负责（除非合同有特殊要求）。

2.0.33　保修期　maintenance period

项目承包人依据合同约定，对产品因质量问题而出现的故障提供免费维修及保养的时间段。

[详解]

1　保修期间，项目发包人提出的涉及性能保障和质量（产品）问题，项目承包人要及时调动内部和（或）外部资源进行解决。

2　项目承包人组织有关人员收集相关因素，分析故障原因，寻求最合适的解决方案。

第3章　工程总承包管理的组织

3.1　一 般 规 定

3.1.1　工程总承包企业应建立与工程总承包项目相适应的项目管理组织，并行使项目管理职能，实行项目经理负责制。

[详解]

工程总承包企业构建项目管理组织的基本原则：

(1) 有利于有效实现工程总承包企业目标；

(2) 有利于工程总承包企业项目实施；

(3) 有利于进行项目管理和相互沟通与协作；

(4) 有利于实行项目经理负责制；

(5) 有利于发挥工程总承包企业内部各种资源优势。

3.1.2　工程总承包企业宜采用项目管理目标责任书的形式，并明确项目目标和项目经理的职责、权限和利益。

[详解]

项目管理目标责任书是工程总承包企业考核项目经理的主要依据。

3.1.3　项目经理应根据工程总承包企业法定代表人授权的范围、时间和项目管理目标责任书中规定的内容，对工程总承包项目，自项目启动至项目收尾，实行全过程管理。

3.1.4　工程总承包企业承担建设项目工程总承包，宜采用矩阵式管理。项目部应由项目经理领导，并接受工程总承包企业职能部门指导、监督、检查和考核。

[详解]

矩阵式管理是最常见的组织结构形式之一，项目成立之后，工程总承包企业任命项目经理，项目经理组建项目部。项目经理根据项目的需要设立项目管理组织和岗位，项目部人员根据项目的范围、规模和复杂程度而定。项目部人员由专业职能部门委派。在项目实施过程中，项目部人员接受项目经理和专业职能部门的双重管理。项目部的工作任务由项目经理下达，工作程序和技术支持等由专业部门保障。两者相互融合，最终达到资源优化配置，提高效益的目的。

3.1.5　项目部在项目收尾完成后应由工程总承包企业批准解散。

[详解]

1　项目收尾由项目经理负责。

2　依据合同约定完成项目收尾相关工作，并做好项目竣工验收、项目结算、项目总结、项目考核与审计。

3.2　任命项目经理和组建项目部

3.2.1　工程总承包企业应在工程总承包合同生效后，任命项目经理，并由工程总承包企业法定代表人签发书面授权委托书。

［详解］

1　任命项目经理后，工程总承包合同中所有的工程实施责任都委托给项目经理。

2　项目经理组建项目部并对项目的实施负责。

3　项目经理代表工程总承包企业进行项目管理。

4　项目经理管理和协调项目的所有活动，包括内部和外部的活动。

3.2.2　项目部的设立应包括下列主要内容：

1　根据工程总承包企业管理规定，结合项目特点，确定组织形式，组建项目部，确定项目部的职能；

2　根据工程总承包合同和企业有关管理规定，确定项目部的管理范围和任务；

3　确定项目部的组成人员、职责和权限；

4　工程总承包企业与项目经理签订项目管理目标责任书。

［详解］

1　结合项目特点，确定组织形式，并可通过成立设计组、采购组、施工组和试运行组进行项目管理。

2　明确职责与分工，建立项目管理体系。

3.2.3　项目部的人员配置和管理规定应满足工程总承包项目管理的需要。

［详解］

项目规模、范围和技术复杂程度决定了项目部人员配置方案。

3.3　项目部职能

3.3.1　项目部应具有工程总承包项目组织实施和控制职能。

［详解］

1　工程总承包项目组织实施包括项目组织、与合作伙伴的协调（如有）、合同的履行和管理、与项目发包人的协调、项目安全、职业健康与环境管理、质量管理、进度管理、费用控制和总部活动的控制和管理、现场施工活动的控制和管理、统一输入和输出的界面管理。

2　项目管理职能包括合同评审、质量、安全、费用、进度、职业健康和环境保护、文件控制与管理等。每一项职能，均要体现在项目的工作流程中，并通过项目经理对设计、采购、施工、试运行、商务、控制和文控等经理的管理来实现。项目管理职能的描述通过管理程序体现。

3　总部活动特指工程总承包企业在总部的设计、采购和施工准备等项目活动。随着工程重点的转移，项目管理的重点由总部逐步转移到施工现场。

3.3.2　项目部应对项目质量、安全、费用、进度、职业健康和环境保护目标负责。

[详解]

1　质量、安全、费用、进度、职业健康和环境保护理念要贯穿设计、采购、施工和试运行全过程。

2　质量、安全、费用、进度、职业健康和环境保护的要求要体现在管理工作流程中。

3.3.3　项目部应具有内外部沟通协调管理职能。

3.4　项目部岗位设置及管理

3.4.1　根据工程总承包合同范围和工程总承包企业的有关管理规定，项目部可在项目经理以下设置控制经理、设计经理、采购经理、施工经理、试运行经理、财务经理、质量经理、安全经理、商务经理、行政经理等职能经理和进度控制工程师、质量工程师、安全工程师、合同管理工程师、费用估算师、费用控制工程师、材料控制工程师、信息管理工程师和文件管理控制工程师等管理岗位。根据项目具体情况，相关岗位可进行调整。

[详解]

安全经理这里指 HSE 经理，安全工程师这里指 HSE 工程师。HSE 是健康（Health）、安全（Safety）与环境（Environment）的英文缩写。

3.4.2　项目部应明确所设置岗位职责。

[详解]

项目部的岗位设置，需满足项目需要，并明确各岗位的职责、权限和考核标准。项目部主要岗位的职责需符合下列要求：

（1）项目经理

项目经理是工程总承包项目的负责人，经授权代表工程总承包企业负责履行项目合同，负责项目的计划、组织、领导和控制，对项目的质量、安全、费用、进度等负责。

（2）控制经理

根据合同要求，协助项目经理制定项目总进度计划及费用管理计划。协调其他职能经理组织编制设计、采购、施工和试运行的进度计划。对项目的进度、费用以及设备、材料进行综合管理和控制，并指导和管理项目控制专业人员的工作，审查相关输出文件。

（3）设计经理

根据合同要求，执行项目设计执行计划，负责组织、指导和协调项目的设计工作，按合同要求组织开展设计工作，对工程设计进度、质量、费用和安全等进行管理与控制。

（4）采购经理

根据合同要求，执行项目采购执行计划，负责组织、指导和协调项目的采购工作，处理采购有关事宜和供应商的关系。完成项目合同对采购要求的技术、质量、安全、费用和进度以及工程总承包企业对采购费用控制的目标与任务。

（5）施工经理

根据合同要求，执行项目施工执行计划，负责项目的施工管理，对施工质量、安全、费用和进度进行监控。负责对项目分包人的协调、监督和管理工作。

（6）试运行经理

根据合同要求，执行项目试运行执行计划，组织实施项目试运行管理和服务。

（7）财务经理

负责项目的财务管理和会计核算工作。

（8）质量经理

负责组织建立项目质量管理体系，并保证有效运行。

（9）安全经理

负责组织建立项目职业健康安全管理体系和环境管理体系，并保证有效运行。

（10）商务经理

协助项目经理，负责组织项目合同的签订和项目合同管理。

（11）行政经理

负责项目综合事务管理，包括办公室、行政和人力资源等工作。

3.5　项目经理能力要求

3.5.1　工程总承包企业应明确项目经理的能力要求，确认项目经理任职资格，并进行管理。

3.5.2　工程总承包项目经理应具备下列条件：

　　1　取得工程建设类注册执业资格或高级专业技术职称；

　　2　具备决策、组织、领导和沟通能力，能正确处理和协调与项目发包人、项目相关方之间及企业内部各专业、各部门之间的关系；

　　3　具有工程总承包项目管理及相关的经济、法律法规和标准化知识；

　　4　具有类似项目的管理经验；

　　5　具有良好的信誉。

3.6　项目经理的职责和权限

3.6.1　项目经理应履行下列职责：

    1 执行工程总承包企业的管理制度，维护企业的合法权益；

    2 代表企业组织实施工程总承包项目管理，对实现合同约定的项目目标负责；

    3 完成项目管理目标责任书规定的任务；

    4 在授权范围内负责与项目干系人的协调，解决项目实施中出现的问题；

    5 对项目实施全过程进行策划、组织、协调和控制；

    6 负责组织项目的管理收尾和合同收尾工作。

[详解]

    项目经理的职责需在工程总承包企业管理制度中规定，具体项目中项目经理的职责，需在项目管理目标责任书中规定。

3.6.2　项目经理应具有下列权限：

    1 经授权组建项目部，提出项目部的组织机构，选用项目部成员，确定岗位人员职责；

    2 在授权范围内，行使相应的管理权，履行相应的职责；

    3 在合同范围内，按规定程序使用工程总承包企业的相关资源；

    4 批准发布项目管理程序；

    5 协调和处理与项目有关的内外部事项。

3.6.3　项目管理目标责任书宜包括下列主要内容：

    1 规定项目质量、安全、费用、进度、职业健康和环境保护目标等；

    2 明确项目经理的责任、权限和利益；

    3 明确项目所需资源及工程总承包企业为项目提供的资源条件；

    4 项目管理目标评价的原则、内容和方法；

    5 工程总承包企业对项目部人员进行奖惩的依据、标准和规定；

    6 项目经理解职和项目部解散的条件及方式；

    7 在工程总承包企业制度规定以外的、由企业法定代表人向项目经理委托的事项。

[详解]

    项目管理目标责任书对项目质量、安全、费用、进度、职业健康和环境保护目标等进行分解。根据需要，项目经理可与设计、采购、施工和试运行等经理签订相应的目标责任书。

第4章 项目策划

4.1 一般规定

4.1.1 项目部应在项目初始阶段开展项目策划工作,并编制项目管理计划和项目实施计划。

[详解]

　　1 通过工程总承包项目的策划活动,形成项目的管理计划和实施计划。

　　2 项目管理计划是工程总承包企业对工程总承包项目实施管理的重要内部文件,是编制项目实施计划的基础和重要依据。

　　3 项目实施计划是对实现项目目标的具体和深化。对项目的资源配置、费用、进度、内外接口和风险管理等制定工作要点和进度控制点。

　　4 通常项目实施计划需经过项目发包人的审查和确认。

　　5 根据项目的实际情况,也可将项目管理计划的内容并入项目实施计划中。

4.1.2 项目策划应结合项目特点,根据合同和工程总承包企业管理的要求,明确项目目标和工作范围,分析项目风险以及采取的应对措施,确定项目各项管理原则、措施和进程。

[详解]

　　1 项目策划内容中需体现企业发展的战略要求,明确本项目在实现企业战略中的地位,通过对项目各类风险的分析和研究,明确项目部的工作目标、管理原则、管理的基本程序和方法。

　　2 项目风险的分析和研究工作要在项目风险规划基础上进行。

　　3 项目策划要具有可操作性,并随着项目进展和情况的变化,及时进行调整。

　　4 在项目策划阶段,工程总承包企业和项目部要充分考虑各种风险对项目目标的影响,确保业务连续性。

　　5 项目策划阶段要考虑工厂化预制、模块化施工和装配式建筑等方面的要求。

4.1.3 项目策划的范围宜涵盖项目活动的全过程所涉及的全要素。

4.1.4 根据项目的规模和特点,可将项目管理计划和项目实施计划合并编制为项目计划。

[详解]

　　在我国工程建设项目中,各行各业差别较大,工程的类型也是多种多样,管理的模式、方法和习惯也各不相同。有的行业,习惯上将项目管理计划和项目实施计划合二为一，统称项目计划，此条件下编制的项目计划可对外发放。

4.2　策 划 内 容

4.2.1　项目策划应满足合同要求。同时应符合工程所在地对社会环境、依托条件、项目干系人需求以及项目对技术、质量、安全、费用、进度、职业健康、环境保护、相关政策和法律法规等方面的要求。

[详解]

　　1　在项目实施过程中，技术、质量、安全、费用、进度、职业健康和环境保护等方面的目标和要求是相互关联和相互制约的。

　　2　在进行项目策划时，需结合项目的实际情况，进行综合考虑、整体协调。由于项目策划的主要依据是合同，因此项目策划的输出需满足合同要求。

4.2.2　项目策划应包括下列主要内容：

　　1　明确项目策划原则；

　　2　明确项目技术、质量、安全、费用、进度、职业健康和环境保护等目标，并制定相关管理程序；

　　3　确定项目的管理模式、组织机构和职责分工；

　　4　制定资源配置计划；

　　5　制定项目协调程序；

　　6　制定风险管理计划；

　　7　制定分包计划。

[详解]

　　1　资源的配置计划是确定完成项目活动所需的人力、设备、材料、技术、资金和信息等资源的种类和数量。资源配置计划根据项目工作分解结构编制。资源的配置对项目实施起着关键的作用，工程总承包企业根据项目目标，为项目配备合格的人员、足够的设施和财力等资源，以保证项目按照合同要求实施。

　　2　制定项目协调程序和规定，是项目策划工作中的一项重要内容。项目部与相关项目干系人之间的沟通，需在项目策划阶段予以确定，以保证项目实施过程中信息沟通及时和准确。

4.3　项目管理计划

4.3.1　项目管理计划应由项目经理组织编制，并由工程总承包企业相关负责人审批。

[详解]

　　1　项目经理需根据合同和工程总承包企业管理层的总体要求组织项目职能经理编制项目管理计划。

　　2　管理计划需体现企业对项目实施的要求和项目经理对项目的总体规划和实施

方案，该计划属企业内部文件不对外发放。

4.3.2 项目管理计划编制的主要依据应包括下列主要内容：

1 项目合同；

2 项目发包人和其他项目干系人的要求；

3 项目情况和实施条件；

4 项目发包人提供的信息和资料；

5 相关市场信息；

6 工程总承包企业管理层的总体要求。

4.3.3 项目管理计划应包括下列主要内容：

1 项目概况；

2 项目范围；

3 项目管理目标；

4 项目实施条件分析；

5 项目的管理模式、组织机构和职责分工；

6 项目实施的基本原则；

7 项目协调程序；

8 项目的资源配置计划；

9 项目风险分析与对策；

10 合同管理。

[详解]

1 本条所列内容为项目管理计划的基本内容，各行业可根据本行业的特点和项目的规模进行调整。

2 项目管理计划需对项目的税费筹划和组织模式进行描述。

3 项目概况

项目概况包括下列主要内容：

（1）项目名称、建设规模、建设性质、产品方案和厂址概况等；

（2）与投标报价和合同签订的有关情况，合同类型；

（3）合同规定的项目完成的时间、技术质量要求、合同价款、付款方式、付款条件、考核验收、违约责任和双方的权利与义务等。

4 项目范围

项目范围包括下列主要内容：

（1）工程总承包项目组成，界区范围，衔接关系及与合同相关方的分工；

（2）设计、采购、施工、试运行、技术和人员等内容；

（3）需要特别说明的问题等。

5 项目管理目标

项目管理目标包括下列主要内容：

（1）技术目标

19

对采用技术的先进性、可靠性和适宜性的分析与说明。

（2）质量目标

对实施质量管理与控制，保证项目产品和服务质量的说明。

（3）安全目标

对实施安全管理，保证项目过程及项目产品安全的说明。

（4）费用目标

对实施费用管理与控制，保证项目成本达标的说明。

（5）进度目标

对实施进度管理与控制，保证项目进度达标的说明。

（6）职业健康目标

对实施职业健康管理，保证项目管理和生产人员职业健康的说明。

（7）环境保护目标

对实施环境管理，保证项目过程和项目产品符合环保要求的说明。

6 项目实施条件分析

根据项目情况和实施条件、项目发包人提供的信息和资料以及相关市场信息等，从技术、商务和项目内外部环境等方面对项目实施条件进行分析。

（1）技术方面

从项目的技术原则，技术特点、难点，合同中规定的保证条件，企业的技术储备，企业以往类似项目的经验，专利技术或专有技术的获得以及技术方面潜在的风险因素等方面进行分析。

（2）商务方面

根据合同价款，从项目费用估算、预算，预期的利润和与费用有关的特殊问题，如购买专利或专有技术的费用，涉及第三方的费用，可能的潜在风险，非常规的合同条款等方面进行分析。

（3）环境方面

分析项目内外部环境因素对项目实施的影响。

7 项目实施的基本原则

根据项目实施条件及其分析，确定项目实施的基本原则。

（1）设计

根据项目发包人提供的信息和资料，分析确定项目发包人的经济原则（是以最快建设速度为设计目标，或以最低的投资为设计目标，或以最低的运行费用为设计目标，或对设计的自动化程度要求以及其他等），并根据工程总承包企业管理层的决策意见，分析确定企业的经济原则（工程设计裕量和费用之间的协调原则，设计阶段考虑突发事件应急处置条件和费用之间的协调原则，质量、安全、费用、进度、职业健康和环境保护等之间的协调原则），统筹考虑项目发包人和工程的总承包企业的经济原则来确定设计原则。

（2）采购

1）采购分交的确定。确定国内采购，国外采购，成套分包，项目发包人供货，项目分包人供货；

2）采购方式的确定。采购方式分为招标、询比价、竞争性谈判和单一来源采购等；

3）正确处理质量保证原则与经济原则、安全保证原则和进度保证原则之间的关系；

4）采购适用的标准程序和非标准程序。

（3）施工

1）施工管理原则包括质量、费用和进度之间的协调原则；

2）施工分包内容和分包合同类型；

3）施工安全原则包括施工组织设计和施工方案中要考虑的事故应急管理措施和手段等；

4）施工适用的标准程序和非标准程序。

（4）试运行

1）试运行指导、服务原则；

2）试运行准备及验收标准；

3）试运行安全原则。

8 项目风险分析与对策

（1）在项目实施过程中可能存在下列风险：工艺风险、工程设计风险、采购风险、自然灾害、施工风险、运输风险、设备材料涨价风险和融资风险等。国外工程项目可能还存在金融风险、货币风险、法律法规的风险、政治风险、战争和内乱等。

（2）对风险的评估及制定的对策要获得企业的审查、批准。要对有关控制数据的取值进行说明；要对项目进度进行分析，特别是采购和施工的进度，包括关键控制点；需要时对费用控制的方法和重点进行说明；提出规避风险的建议与措施。

（3）为了防止项目后期产生纠纷甚至诉讼，在项目前期要做好主要干系人的风险分析和管理工作。

4.4 项目实施计划

4.4.1 项目实施计划应由项目经理组织编制，并经项目发包人认可。

[详解]

1 项目实施计划是实现项目合同目标、项目策划目标和企业目标的具体措施和手段，也是反映项目经理和项目部落实工程总承包企业对项目管理的要求。

2 项目实施计划需在项目管理计划获得批准后，由项目经理组织项目部人员进行编制。项目实施计划需具有可操作性。

4.4.2 项目实施计划的编制依据应包括下列主要内容：

1 批准后的项目管理计划；

2 项目管理目标责任书；

3 项目的基础资料。

[详解]

1 项目管理目标责任书的内容按照各行业和企业的特点制定。实行项目经理负责制的项目需签订项目管理目标责任书。企业管理层的总体要求是工程总承包企业管理层对项目实施目标的具体要求，要将这些要求纳入到项目实施计划中。

2 项目的基础资料包括合同、批复文件等。

3 编制项目实施计划主要包括下列程序：

(1) 研究和分析项目合同、项目管理计划和项目实施条件等；

(2) 拟定编写大纲；

(3) 确定编写人员并进行分工编写；

(4) 汇总协调与修改完善；

(5) 按照规定审批。

4.4.3 项目实施计划应包括下列主要内容：

1 概述；

2 总体实施方案；

3 项目实施要点；

4 项目初步进度计划等。

[详解]

1 概述：

(1) 项目简要介绍；

(2) 项目范围；

(3) 合同类型；

(4) 项目特点；

(5) 特殊要求。

当有特殊性时，需包括特殊要求。

2 总体实施方案：

(1) 项目目标；

(2) 项目实施的组织形式；

(3) 项目阶段的划分；

(4) 项目工作分解结构；

(5) 项目实施要求；

(6) 项目沟通与协调程序；

(7) 对项目各阶段的工作及其文件的要求；

(8) 项目分包计划。

3 项目实施要点：

(1) 工程设计实施要点；

(2) 采购实施要点；

(3) 施工实施要点；

(4) 试运行实施要点；

(5) 合同管理要点；

(6) 资源管理要点；

(7) 质量控制要点；

(8) 进度控制要点；

(9) 费用估算及控制要点；

(10) 安全管理要点；

(11) 职业健康管理要点；

(12) 环境管理要点；

(13) 沟通和协调管理要点；

(14) 财务管理要点；

(15) 风险管理要点；

(16) 文件及信息管理要点；

(17) 报告制度；

(18) 工作计划、控制管理、管理规定和报告制度的要点。

1) 工作计划要点的主要内容包括编制依据，工作原则、要求，工作范围、分工，工作程序、内容，标准、规范，工作进度、主要控制点（里程碑），接口关系，特殊情况处理；

2) 控制管理要点的主要内容包括：执行效果测量基准的建立，计划执行的跟踪、检查，偏差分析与反馈，纠正措施；

3) 管理规定要点的主要内容包括：管理系统、规章制度、规定，管理原则与内容，管理职责与权限，管理程序与要求，变更管理与协调；

4) 报告制度要点的主要内容包括：报告的种类与功能，报告的编制与审批，报告的内容与格式，报告提交的时间，报告的发送。

4　项目初步进度计划需确定下列活动的进度控制点：

(1) 收集相关的原始数据和基础资料；

(2) 发表项目管理规定；

(3) 发表项目计划；

(4) 发表项目进度计划；

(5) 发表工程设计执行计划；

(6) 发表项目采购执行计划；

(7) 发表项目施工执行计划；

(8) 发表项目试运行执行计划；

(9) 完成工程总承包企业内部项目费用估算和预算，发表项目费用进度计划。

5　项目初步进度计划要确定下列主要内容：

（1）签订分包合同；

（2）发表项目各阶段的设计文件；

（3）完成项目费用估算和预算；

（4）关键设备、材料采购；

（5）取得项目施工许可证；

（6）开始现场施工；

（7）竣工；

（8）开始试运行；

（9）开始考核；

（10）交付使用。

4.4.4　项目实施计划的管理应符合下列规定：

1　项目实施计划应由项目经理签署，并经项目发包人认可；

2　项目发包人对项目实施计划提出异议时，经协商后可由项目经理主持修改；

3　项目部应对项目实施计划的执行情况进行动态监控；

4　项目结束后，项目部应对项目实施计划的编制和执行进行分析和评价，并把相关活动结果的证据整理归档。

第5章 项目设计管理

5.1 一般规定

5.1.1 工程总承包项目的设计应由具备相应设计资质和能力的企业承担。

[详解]

1 企业取得建设工程设计资质证书后，方可在资质许可的范围内从事建设工程设计活动。

2 从事建设工程设计活动的企业，其具有的资产、专业技术人员、技术装备和工程设计业绩等要满足相应资质规定的要求。

5.1.2 设计应满足合同约定的技术性能、质量标准和工程的可施工性、可操作性及可维修性的要求。

[详解]

1 工程总承包项目的设计工作要满足合同约定的技术性能、质量目标与要求以及相关的质量规定和标准，同时要满足本企业的质量方针、目标和质量管理体系的要求。

2 施工组通过参与设计可施工性分析，对重大设计方案及关键设备吊装方案的研究，向设计组提出设计文件的可施工性要求。

3 试运行组通过审查工艺设计和主要工程设计图纸，向设计组提出设计中要考虑的操作、维修和满足试运行的要求。

4 采用新结构、新材料、新工艺的建设工程和特殊结构的建设工程，在设计中提出保障施工作业人员安全和预防生产安全事故的措施建议。

5 设计工作除满足合同约定的要求外，还需满足行业或企业规定的设计内容和深度规定，满足国家相关部门对项目审批的规定和深度要求。

5.1.3 设计管理应由设计经理负责，并适时组建项目设计组。在项目实施过程中，设计经理应接受项目经理和工程总承包企业设计管理部门的管理。

[详解]

1 项目设计组织机构

（1）工程总承包项目经理下设设计经理，设计经理负责项目的设计管理工作。

（2）在工程总承包项目中，设计组是在设计经理领导下，由各专业设计人员组成的临时性组织。

（3）设计经理由工程总承包企业相关管理部门委派。设计经理接受工程总承包项目经理和工程总承包企业设计管理部门的管理。设计组中的设计人员一般来自工程总承包企业中各专业设计部门,在项目中每一个专业均设有专业负责人。

(4)工程总承包企业对项目设计组进行矩阵式的管理,从而保证项目执行体现企业的技术水平、管理水平、整体素质和企业文化。派往设计组的专业人员在技术、质量、标准和方法等方面接受专业部门的领导,并从各专业部门得到支持,在与项目实施有关的工作范围、进度要求、工作程序和专业之间协调等方面,直接接受设计经理的领导。

2 项目设计组职责

负责按照项目要求的技术水平、采用标准、进度控制、费用控制、质量安全和环境保护等,高质量完成项目的设计工作及配合采购技术服务、施工现场和试运行现场技术服务工作。

3 项目设计组各岗位职责

(1)设计经理

根据合同要求,执行项目设计执行计划,负责组织、指导和协调项目的设计工作,按合同要求组织开展设计工作,对工程设计进度、质量、费用和安全等进行管理与控制。

具体工作如下:

1)负责编制设计基础数据和设计统一规定;

2)负责组织编制项目设计执行计划;

3)协调各专业设计进度及互提设计条件计划,控制设计进度、质量、费用和安全等;

4)组织各专业设计协调会、项目设计评审会;

5)组织各专业按照计划向采购组提交请购文件及配合采购的技术服务;

6)安排各专业设计人员进行现场交底、施工配合和试运行技术服务工作;

7)受项目经理委托,代表工程总承包企业直接与项目发包人、专利商、制造厂洽谈和处理设计问题及技术问题;

8)负责编制项目设计总结报告。

(2)专业设计负责人

在设计经理领导下负责项目本专业设计管理工作。对项目中该专业设计过程的质量、安全、费用、进度、职业健康和环境保护等负责。

具体工作如下:

1)组织本专业人员熟悉项目合同文件中有关本专业的内容,如项目范围、项目基础数据、采用的标准规范、工程进度、考核验收要求和违约责任等;

2)协助项目设计经理编制项目设计执行计划,负责编制本专业设计统一规定;

3)按照项目要求,进行工作包分解,协助编制设计进度表;制定本专业设计进度计划;

4)按照项目要求,制定本专业费用控制计划;

5)协调本专业设计人员之间的工作,组织本专业各项计划的执行并监督执行情况。对计划执行偏差采取纠偏措施,保证项目计划的完成;

6)组织本专业人员按照项目进度计划向下游专业提交设计条件;

7）组织检查接收的设计输入条件；

8）安排本专业会签工作；

9）安排本专业的设计评审和设计验证工作；

10）按照项目要求，完成本专业各项工作报告；

11）负责本专业内外沟通工作，参加项目设计协调会；

12）组织本专业设计现场交底、施工配合和试运行技术服务工作；

13）编制本专业各阶段设计总结；

14）组织本专业设计文件和设计管理文件的归档，对归档文件的完整性负责。

5.1.4　工程总承包项目应将采购纳入设计程序。设计组应负责请购文件的编制、报价技术评审和技术谈判、供应商图纸资料的审查和确认等工作。

[详解]

1　将采购纳入设计程序是工程总承包项目设计的重要特点之一。

2　工程总承包项目将采购纳入设计程序是为了加强设计与采购之间的协调，提高物资采购质量，加快工程进度，控制工程投资和保证设计产品质量。

（1）设计组通过项目合同（包括合同技术附件）了解项目发包人对设备、材料的需求标准。设计组通过向采购组提出请购要求并参与报价技术评审和技术谈判、审查及确认供应商资料等工作，提高物资采购的技术水平和工作质量。

（2）通过项目实施计划将采购有关工作纳入设计程序，把长周期设备、关键设备、一般设备和材料在相应的设计阶段分期分批提出采购。在初步设计/基础工程设计阶段对于一些长周期、价格昂贵的设备进行预询价和技术谈判，对缩短建设周期、保证初步设计/基础工程设计的工程概算的准确度和控制工程投资起到很大的作用。

3　设计在设备、材料采购过程中一般包括下列工作：

（1）提出设备、材料采购的请购单及询价技术文件；

（2）负责对制造厂商的报价提出技术评价意见；

（3）参加厂商协调会，参与技术澄清和协商；

（4）审查确认制造厂商返回的先期确认图纸及最终确认图纸；

（5）在设备制造过程中，协助采购处理有关设计、技术问题；

（6）参与关键设备和材料的检验工作。

5.2　设计执行计划

5.2.1　设计执行计划应由设计经理或项目经理负责组织编制，经工程总承包企业有关职能部门评审后，由项目经理批准实施。

[详解]

1　设计执行计划是项目设计策划的成果，是重要的管理文件。

2　设计执行计划由设计经理组织编制，由项目经理批准实施。

3　通过设计执行计划把项目实施的目标、方针、策略，项目对设计质量、安全、费用、进度、职业健康和环境保护等的控制要求以及项目对设计组内外关系的要求等作出具体规定，使设计组各专业按照统一的设计理念、统一的设计标准、统一的工作程序完成设计工作。

5.2.2　设计执行计划编制的依据应包括下列主要内容：

1　合同文件；

2　本项目的有关批准文件；

3　项目计划；

4　项目的具体特性；

5　国家或行业的有关规定和要求；

6　工程总承包企业管理体系的有关要求。

[详解]

1　合同文件

从该文件中了解工作范围、项目发包人的要求以及与外部的关系。

2　本项目的有关批准文件

包括项目建议书、可行性研究和初步设计的审查结论，从中了解项目批准实施的内容。

3　项目计划

从项目计划中了解项目目标，管理模式和项目工作程序，项目的质量、安全、费用、进度、职业健康和环境保护等控制指标，项目实施策略等内容。

4　项目的具体特性

项目采用技术的特点、项目外部环境特征等。

5　国家或行业的有关规定和要求

设计要遵守国家或行业现行规定以及标准规范要求。

6　工程总承包企业管理体系的有关要求

工程总承包企业的项目管理体系、质量管理体系、职业健康安全管理体系和环境管理体系要求的程序文件、作业指导文件。

5.2.3　设计执行计划宜包括下列主要内容：

1　设计依据；

2　设计范围；

3　设计的原则和要求；

4　组织机构及职责分工；

5　适用的标准规范清单；

6　质量保证程序和要求；

7　进度计划和主要控制点；

8　技术经济要求；

9　安全、职业健康和环境保护要求；

10　与采购、施工和试运行的接口关系及要求。

[详解]

1　设计依据

列出依据的文件。

2　设计范围

可以用文字或图纸说明设计专业内容和设计区域范围，列出项目发包人另外委托的本项目设计内容。

3　设计的原则和要求

依据合同和项目发包人的要求、本项目的有关批文、项目的特征、项目的目标及各项指标、国家或行业现行有关规定和要求等编制。

4　组织机构及职责分工

在项目实施计划的基础上把设计部分的组织机构和职责分工具体化。

5　适用的标准规范清单

依据合同约定，根据项目规定的设计原则和统一要求，列出各专业设计、物资采购和施工验收等方面采用的国家现行有关标准规范的编号和名称等。

6　质量保证程序和要求

满足合同约定的质量目标与要求、相关的质量规定和标准，同时满足本企业的质量方针与质量管理体系以及相关管理体系的要求。前者为项目发包人的要求，一定要满足，在设计执行计划中可以体现为设计原则、指导思想。后者是工程总承包企业自身管理体系的要求，按照其中的程序和作业指导文件、格式化的模板操作，使设计标准化，从而保证设计质量，节省人工时。设计执行计划要结合两者的要求，说明本项目执行的质量保证程序，提出设计质量要求，采用的作业指导文件和格式模板等。

7　进度计划和主要控制点

（1）设计进度计划是在项目总进度计划的约束条件下，根据设计内容，各专业之间的条件关系，与项目发包人、专利商、供应商和项目分包人等的依赖关系和资源配置等进行编制的。

（2）编制设计进度计划时要充分考虑设计工作的内部逻辑关系及资源分配。为了满足总进度要求的设计完成时间，要以阶段工作成果作为其他专业设计输入条件的专业需要，加大人力资源的投入，加快提出条件的时间，使其他专业尽早开展工作，使所有专业设计进度均符合总进度要求。

（3）设计进度计划的主要控制点要包括：设计工作与设备材料采购、施工等工作之间的协调及进度要求，使设计进度计划满足工程总进度计划的要求。

8　技术经济要求

要明确提出采用的技术、设备材料等要求，并将这些要求纳入设计统一规定中。

9　安全、职业健康和环境保护要求

按照取得相关行政许可的消防、安全、职业健康和环境保护的批文，对设计提出要求。要充分考虑根据设计形成的产品在日常运行中可能存在的各类安全、职业健康和环境保护风险，在设计中增加相应的防护、应急措施和设备设施，并科学设计其在突发事件应对中的易用性、可用性。同时还要考虑设计对项目施工安全职业健康和环境保护带来的风险，并做好与施工的接口管理工作。

　　10　设计与采购、施工和试运行的接口关系

　　按照项目计划中有关协调程序说明设计与采购、施工和试运行的接口关系及要求。

　　11　设计执行计划包含的内容可根据项目的具体情况进行调整。

5.2.4　设计执行计划应满足合同约定的质量目标和要求，同时应符合工程总承包企业的质量管理体系要求。

5.2.5　设计执行计划应明确项目费用控制指标、设计人工时指标，并宜建立项目设计执行效果测量基准。

5.2.6　设计进度计划应符合项目总进度计划的要求，满足设计工作的内部逻辑关系及资源分配、外部约束等条件，与工程勘察、采购、施工和试运行的进度协调一致。

5.3　设 计 实 施

5.3.1　设计组应执行已批准的设计执行计划，满足计划控制目标的要求。

[详解]

　　设计执行计划控制目标是指设计执行计划中设置的有关合同项目技术管理、质量管理、安全管理、费用管理、进度管理和资源管理等方面的主要控制指标和要求。

5.3.2　设计经理应组织对设计基础数据和资料进行检查和验证。

[详解]

　　项目设计基础数据和资料是在项目基础资料的基础上整理汇总而成的，是项目设计和建设的重要基础。不同的项目合同需要的设计基础数据和资料不同。一般包括下列主要内容：

　　（1）现场数据（包括气象、水文、工程地质数据和其他现场数据）；

　　（2）原料特性分析和产品标准与要求；

　　（3）界区接点设计条件；

　　（4）公用系统及辅助系统设计条件；

　　（5）危险品、三废处理原则与要求；

　　（6）指定使用的标准规范、规程或规定；

　　（7）可以利用的工程设施及现场施工条件等。

5.3.3　设计组应按项目协调程序，对设计进行协调管理，并按工程总承包企业有关专业条件管理规定，协调和控制各专业之间的接口关系。

[详解]

　　1　设计协调程序是项目协调程序中的一个组成部分，是指在合同约定的基础上进一步明确工程总承包企业与项目发包人之间在设计工作方面的关系、联络方式和报告审批制度。

　　2　设计协调程序一般包括下列主要内容：

　　（1）设计管理联络方式和双方对口负责人；

　　（2）项目发包人提供设计所需的项目基础资料和项目设计数据的内容，并明确提

供的时间和方式；

（3）设计中采用非常规做法的内容；

（4）设计中项目发包人需要审查、认可或批准的内容；

（5）向项目发包人和施工现场发送设计图纸和文件的要求，列出图纸和文件发送的内容、时间、份数和发送方式，以及图纸和文件的包装形式、标志、收件人姓名和地址等；

（6）依据合同约定，确定备品备件的内容和数量；

（7）设备、材料请购单的审查范围和审批程序；

（8）按合同变更程序进行设计变更管理。

变更包括项目发包人变更和项目变更两种类型，变更申请包括变更的内容、原因和影响范围以及审批规定等。

（9）设计与相关审批部门、市政配套部门等之间协调工作。

3　设计组各专业之间的协调

设计组要协调和控制设计各专业之间的接口关系。按照工程总承包企业有关专业分工规定、专业之间互提条件的规定等，结合工程项目的特点，详细开列各专业互提条件内容，明确每个条件的责任人、控制点和时间等。

5.3.4　设计组应按项目设计评审程序和计划进行设计评审，并保存评审活动结果的证据。

[详解]

1　为了使项目设计方案满足合同要求，符合国家现行有关法律法规和标准的要求，项目设计组要依据设计执行计划中的质量保证程序，制定评审计划，并具体规定项目中要评审的设计方案、进行评审的层级等。

2　设计评审主要是对设计技术方案进行评审，有多种方式，一般分为三级：

第一级：项目中重大设计技术方案由企业组织评审；

第二级：项目中综合设计技术方案由项目部组织评审；

第三级：专业设计技术方案由本专业所在部门组织评审。

3　项目设计评审程序需符合工程总承包企业设计评审程序的要求。

5.3.5　设计组应按设计执行计划与采购和施工等进行有序的衔接并处理好接口关系。

[详解]

1　设计与采购、施工和试运行的接口关系

（1）在设计与采购的接口关系中，对下列主要内容的接口实施重点控制：

1）设计向采购提交请购文件；

2）设计对报价的技术评审；

3）设计接收采购提交的设备、材料厂商资料；

4）设计对制造厂图纸的审查、确认和返回；

5）设计变更对采购进度的影响；

6）如需要，设计应采购邀请参加产品的中间检验、出厂检验和现场开箱检验。

（2）在设计与施工的接口关系中，对下列主要内容的接口实施重点控制：

1）设计文件的可施工性分析；

2）设计文件交付；

3）图纸会审、设计交底；

4）评估设计变更对施工进度的影响。

（3）在设计与试运行的接口关系中，对下列主要内容的接口实施重点控制：

1）设计接收试运行提出的试运行要求；

2）设计提交试运行操作原则和要求；

3）设计对试运行的指导与服务，在试运行过程中发现有关设计问题的处理及其对试运行进度的影响。

5.3.6 初步设计文件应满足主要设备、材料订货和编制施工图设计文件的需要；施工图设计文件应满足设备、材料采购，非标准设备制作和施工以及试运行的需要。

[详解]

1 初步设计文件除满足主要设备、材料订货和编制施工图设计文件的需要外，还要满足其行业或企业规定的初步设计内容和深度要求，满足国家相关部门对项目审批的规定和深度要求。

2 施工图设计文件除满足设备、材料采购，非标准设备制作和施工以及试运行的需要外，还要满足其行业或企业规定的施工图设计内容和深度要求。

3 为使设计文件满足规定的深度要求，需对下列设计输入进行评审。

（1）初步设计或基础工程设计：

1）项目前期工作的批准文件；

2）项目合同；

3）拟采用的标准规范；

4）项目发包人及相关方的其他意见和要求；

5）项目实施计划和设计执行计划；

6）工程设计统一规定；

7）工程总承包企业内部相关规定和成功的技术积累。

（2）施工图设计或详细工程设计：

1）批准的初步设计文件；

2）项目合同；

3）拟采用的标准规范；

4）项目发包人及相关方的其他意见和要求；

5）内部评审意见；

6）项目实施计划和设计执行计划；

7）供应商图纸和资料；

8）工程设计统一规定；

9）工程总承包企业内部相关规定和成功的技术积累。

5.3.7 设计选用的设备、材料，应在设计文件中注明其规格、型号、性能、数量等技术指标，其质量要求应符合合同要求和国家现行相关标准的有关规定。

［详解］

设计选用的设备、材料，除特殊要求外，不得限定或指定特定的专利、商标、品牌、原产地或供应商。

5.3.8 在施工前，项目部应组织设计交底或培训。

［详解］

1 在施工前，组织设计交底或培训需说明设计意图，解释设计文件，明确设计对施工的技术、质量、安全和标准等要求。发现并消除图纸中的质量隐患，对存在的问题，及时协商解决，并保存相应的记录。

2 项目部组织设计人员参加项目发包人和监理单位组织的图纸会审，发现和解决施工图设计存在的问题，纠正施工图中的差错。

5.3.9 设计组应依据合同约定，承担施工和试运行阶段的技术支持和服务。

［详解］

1 在施工期间，设计人员到施工现场进行设计服务，解决施工中发现和提出的与设计有关的问题，及时做好相关设计核算工作。

2 在试运行期间，设计人员协助试运行经理解决试运行中出现的设计技术问题。

5.4 设 计 控 制

5.4.1 设计经理应组织检查设计执行计划的执行情况，分析进度偏差，制定有效措施。设计进度的控制点应包括下列主要内容：

1 设计各专业间的条件关系及其进度；

2 初步设计完成和提交时间；

3 关键设备和材料请购文件的提交时间；

4 设计组收到设备、材料供应商最终技术资料的时间；

5 进度关键线路上的设计文件提交时间；

6 施工图设计完成和提交时间；

7 设计工作结束时间。

5.4.2 设计质量应按项目质量管理体系要求进行控制，制定控制措施。设计经理及各专业负责人应填写规定的质量记录，并向工程总承包企业职能部门反馈项目设计质量信息。设计质量控制点应包括下列主要内容：

1 设计人员资格的管理；

2 设计输入的控制；

3 设计策划的控制；

4 设计技术方案的评审；

5 设计文件的校审与会签；

6 设计输出的控制；

7 设计确认的控制；

8 设计变更的控制；

9 设计技术支持和服务的控制。

[详解]

1 设计策划的控制包括组织、技术和条件接口关系等。

2 设计经理对设计全过程进行控制，监督检查设计各专业执行质量管理体系文件和项目质量计划的情况，确保设计产品和服务满足合同约定的质量要求。

5.4.3 设计组应按合同变更程序进行设计变更管理。

[详解]

1 设计组按照设计变更管理程序和规定，严格控制设计变更，评价设计变更对合同的影响，并评价其对质量、安全、费用、进度、职业健康和环境保护等的影响。

2 设计变更程序包括下列主要内容：

(1) 根据项目要求或项目发包人指示，提出设计变更的处理方案；

(2) 对项目发包人指令的设计变更在技术上的可行性、安全性和适用性问题进行评估；

(3) 设计变更提出后，对费用和进度的影响进行评价，经设计经理审核后报项目经理批准；

(4) 评估设计变更在技术上的可行性、安全性和适用性；

(5) 说明执行变更对履约产生的有利或不利影响；

(6) 执行经确认的设计变更。

5.4.4 设计变更应对技术、质量、安全和材料数量等提出要求。

5.4.5 设计组应按设备、材料控制程序，统计设备、材料数量，并提出请购文件。请购文件应包括下列主要内容：

1 请购单；

2 设备材料规格书和数据表；

3 设计图纸；

4 适用的标准规范；

5 其他有关的资料和文件。

[详解]

请购文件需由设计人员提出，经专业负责人和设计经理确认，提交控制人员组织审核，审核通过后提交采购，作为采购的依据。

5.4.6 设计经理及各专业负责人应配合控制人员进行设计费用进度综合检测和趋势预测，分析偏差原因，提出纠正措施。

5.5 设 计 收 尾

5.5.1 设计经理及各专业负责人应根据设计执行计划的要求，除应按合同要求提交设计文件外，尚应完成为关闭合同所需要的相关文件。

［详解］

关闭合同所需要的相关文件一般包括：

（1）竣工图；

（2）设计变更文件；

（3）操作指导手册；

（4）修正后的核定估算；

（5）其他设计资料、说明文件等。

5.5.2　设计经理及各专业负责人应根据项目文件管理规定，收集、整理设计图纸、资料和有关记录，组织编制项目设计文件总目录并存档。

5.5.3　设计经理应组织编制设计完工报告，并参与项目完工报告的编制工作，将项目设计的经验与教训反馈给工程总承包企业有关职能部门。

［详解］

项目设计的经验与教训反馈给工程总承包企业有关职能部门，进行持续改进。

第6章 项目采购管理

6.1 一般规定

6.1.1 项目采购管理应由采购经理负责，并适时组建项目采购组。在项目实施过程中，采购经理应接受项目经理和工程总承包企业采购管理部门的管理。

[详解]

1 项目采购组织机构

项目采购经理接受项目经理和工程总承包企业采购管理部门的双重领导，向项目经理和工程总承包企业采购管理部门报告工作。

(1) 项目经理下设采购经理，工程总承包项目的采购管理由采购经理负责。

(2) 采购组内一般设采购经理、采买工程师、催交工程师、检验工程师、运输工程师和仓储管理等岗位，根据需要也可增设采购协调员、催检协调员、材料控制工程师、采购合同管理和采购秘书等岗位，根据项目具体情况，采购组相关岗位可互相兼任。

2 项目采购组各岗位职责

(1) 采购经理

根据合同要求，执行项目采购执行计划，负责组织、指导和协调项目的采购工作，处理采购有关事宜和供应商的关系。完成项目合同对采购要求的技术、质量、安全、费用和进度以及工程总承包企业对采购费用控制的目标与任务。

具体工作如下：

1) 负责项目采购管理，包括所需设备、材料厂商确定、采买、催交、检验、物流和现场物资管理；

2) 组织编制项目采购执行计划；

3) 组织编制项目设备、材料合格供应商名单并按照程序获得批准；

4) 根据项目采购工作需要，向工程总承包企业采购管理部门提出项目采购组的机构设置和人员需求；

5) 接收设备、材料请购文件，根据采购执行计划，组织采购工作；

6) 组织采购组按照合适的采购方式进行采买工作，并组织签订采购合同或订单；

7) 组织采购组进行催交、检验、运输、接货、开箱检验、入库、保管和发放等工作；

8) 组织编制采购月报，进行费用、进度监测；定期召开采购计划执行情况检查分析会，针对存在的主要问题，提出解决办法，并及时向项目经理和工程总承包企业采购管理部门报告；

9）组织设备、材料的现场采购工作；

10）组织设备、材料供应商的现场服务工作；

11）组织编写项目完工报告的采购部分。

（2）采买工程师

1）在采购经理的领导下开展采买工作，向采购经理汇报工作。

2）协助采购经理编制项目采购计划。

3）协助采购经理确定设备、材料的采购方式，如需采用招标采购方式，按照国家现行有关法律法规进行采购。

4）如按照非招标采购方式，可参照下列流程：

采买工程师协助采购经理编制项目采购设备、材料询价供应商名单，并按照程序逐级进行审批；

编制商务询价文件，包括询价书、报价须知和采购合同基本条款等，整合询价文件技术和商务部分，提交采购经理或项目经理批准；

向批准的供应商发出完整的询价文件；

督促供应商按照要求报价并接收报价文件；

负责报价的商务评价，组织报价的综合评价，并按照程序逐级进行审批；

根据需要组织供应商报价澄清和谈判会议；

根据询价文件和中标供应商的报价文件编制采购合同，报采购经理审核；

组织与中标的供应商签订合同或订单；

在采买期间负责与供应商之间的业务联络；负责处理合同执行过程中与采买相关的事宜。

（3）催交工程师

1）在采购经理的领导下负责设备、材料的催交工作；

2）根据项目采购执行计划确定的设备、材料催交等级，编制项目催交计划；

3）按照催交计划开展催交工作；

4）督促供应商按照合同要求及时提交图纸、文件资料和最终产品资料；

5）审查供应商月报，了解并监控供应商的生产进度，包括重要外协件的采购情况等，确保供应商的制造进度满足合同要求；

6）一旦发现有延期倾向或已发生拖延，立即向采购经理汇报，并提出补救措施，尽量减小由此对项目进度造成的不良影响；

7）负责催交竣工资料；

8）按照项目规定的要求提交设备、材料的制造状态报告和催交状态报告。

（4）检验工程师

1）制定设备、材料的检验计划；

2）负责组织设备、材料的检验工作；

3）负责组织召开设备、材料预检验会议；

4）依据采购合同约定参加设备、材料的中间检验、车间检验、最终检验/试验和包装检验，并编制检验报告和检验放行单；

5）检查供应商提交的各种检验、试验报告和质量证明文件；

6）负责编制检验状态报告；

7）参加进口物资在海港、空港的检验、验收工作。会同海关、商检等机构进行商检、安检，盈、缺、损鉴定及异地检验。

（5）运输工程师

1）编制设备、材料运输计划；

2）负责设备、材料的运输管理工作；

3）协助采购经理选择确定物流分包商；

4）处理超限设备运输有关问题；

5）负责设备、材料运输包装检查和运输文件的准备；

6）负责报关、海运保险和商检等手续办理或委托业务；

7）负责物流合同的管理和结算；

8）负责编制设备、材料运输状态报告；

9）负责运输文件接收、移交和保存。

（6）仓储管理工程师

1）在采购经理的领导下，负责设备、材料的入库验收、保管和发放工作，以及仓库和货场管理工作；

2）编制仓库作业规章制度，并指导执行；

3）组织仓库作业全过程管理；

4）组织设备、材料的接收和开箱检验工作；

5）负责对验收合格的设备、材料清点、核实，并办理入库手续。对不合格品按照制度实施有效控制；

6）定期发布设备材料入库、出库信息和库存状态报告。

6.1.2 采购工作应按项目的技术、质量、安全、进度和费用要求，获得所需的设备、材料及有关服务。

［详解］

1　编制采购进度计划时要关注合格供应商询价名单的审批、采购询价、澄清、授标、供应商资料的提交、出厂检验、发货、清关和现场接收等主要里程碑及其进度日期，以及与设计、施工等工序的接口进度日期。

2　关注项目发包人采购的设备、材料需要项目承包人完成的采购服务工作。

3　项目承包人要与项目发包人一起根据工程建设项目的性质和规模，依据国家现行有关法律法规，共同确定项目必需的设备、材料是否属于依法要进行招标的范围。

（1）属于依法要进行招标的设备、材料的采购，项目承包人要按照国家现行有关法律法规执行。

（2）不属于依法进行公开招标的设备、材料的采购，项目承包人要按照项目发包人批复或指定的供应商名录进行采购；如果项目承包人在合同约定的供应商名录之外进行设备、材料的采购，要事先得到项目发包人的书面批准。

4　在项目采购工作过程中要体现公平竞争，"适当采购"原则。项目采购要选择三个以上的询价对象，除非特殊技术要求，要严格控制独家采购。

（1）适时采购

以保证项目进度为前提，对可能影响整个项目建设进度的长周期设备、关键设备，要尽早订货，以保证项目关键路径上工期要求。非关键路径上的短周期、通用设备、材料以满足施工进度要求为前提，尽量压减库存，降低现金占用。

（2）适地采购

进口设备的采购要合理利用各种外币，以达到降低费用的目的。国内设备采购，要考虑供应商与施工现场的相对位置，优化采购，以降低设备、材料相关费用。大型设备运输受限又具备现场制作条件的，可考虑安排现场制作。也可考虑大型成套、复杂设备在运输条件具备的预制工厂模块化生产、预组装。

（3）适质采购

要充分考虑设备、材料与装置整体水平，设备、材料相互间质量的适配性，性能、能力的合理性，杜绝质量、能力浪费。设备、材料的规格、等级或材质是决定其价格的主要因素。总承包项目的设计人员要建立对设备、材料的价格费用控制观念，提出适合的、满足项目技术、安全、职业健康与环境要求的技术询价文件；采购组在企业合格供应商的基础上，选择确定项目询价供应商，以保证项目成本最优化，提高采购效益。

（4）适量采购

在合理的设计深度统计要采购的材料量，将材料裕量控制在恰当的范围内。将类似设备、材料的采购尽可能地合并在一个合同内，减少标包，降低项目采购成本，减少采购管理工作量。

（5）适价采购

采购的目标是价格的合理性，而不是单纯的价格最低化，单纯的低价有时会导致合同执行不顺利，或供应商现场服务不到位。工程总承包企业要加强设备、材料价格信息收集和整理工作，提高费用估算的精度，运用综合评价方法对采购环节费用进行分解，以期在采购合同谈判中，有理、有据、有力地合理降低采购费用。

5　采购过程要符合质保体系

（1）采购全过程的程序化：按照制度实行采购程序化作业，增加制约措施，严格授权程序。严明采购业务纪律，最大程序地杜绝个人行为，为防止腐败和杜绝行业不正之风奠定制度基础。

（2）工作标准化：包括采购计划格式、询价文件、报价文件、报价评价文件、合同文件、采购状态报告、质量记录和文件归档等实现标准化。

（3）公开化、公正化：厂商来源公开，推荐渠道公开，评审程序公开，评审过程公开，达到评审结论公正。

6 采购与设计、施工和试运行的接口关系

（1）在采购与设计的接口关系中，对下列主要内容的接口实施重点控制：

1）采购接收设计提交的请购文件；

2）采购接收设计提交的报价技术评价文件；

3）采购向设计提交订货的设备、材料资料；

4）采购接收设计对制造厂图纸的评阅意见；

5）采购评估设计变更对采购进度的影响；

6）如需要，采购邀请设计参加产品的中间检验、出厂检验和现场开箱检验。

（2）在采购与施工的接口关系中，对下列主要内容的接口实施重点控制：

1）采购向施工提供设备、材料到货状态；

2）采购组织所有设备、材料运抵现场；

3）现场的开箱检验；

4）施工过程中发现与设备、材料质量有关的问题，由采购与制造厂协调解决；

5）评估采购变更对施工进度的影响；

6）仓储管理人员负责按照批准的领料单发放合格的设备、材料，办理物资出库交接手续。

（3）在采购与试运行的接口关系中，对下列主要内容的接口实施重点控制：

1）试运行所需材料及备件的确认；

2）试运行过程中发现的与设备、材料质量有关问题的处理对试运行进度的影响。

6.1.3 工程总承包企业宜对供应商进行资格预审。

[详解]

1 工程总承包企业要对供应商进行资格预审，并建立企业的合格供应商名单。

2 项目部在工程总承包企业的合格供应商名单的基础上，根据项目执行计划建立项目合格供应商名单，选择项目合格供应商名单的原则是达到项目技术要求、质量可靠、并满足项目进度、费用要求。

6.2 采购工作程序

6.2.1 采购工作应按下列程序实施：

1 根据项目采购策划，编制项目采购执行计划；

2 采买；

3 对所订购的设备、材料及其图纸、资料进行催交；

4 依据合同约定进行检验；

5 运输与交付；

6 仓储管理；

7 现场服务管理；

8 采购收尾。

[详解]

1　采购执行计划包括采购进度计划、物流计划、检验计划和材料控制计划。

2　采买：

1) 可采用招标、询比价、竞争性谈判和单一来源采购等方式进行采买。

2) 按询比价方式进行的采买，采买工程师需按照工程总承包企业制定的标准化格式，根据项目对设备、材料的要求编制询价文件。除技术、质量和商务要求外，询价文件可根据需要增加有关管理要求，使供应商的供货行为能满足项目管理的需要。

3) 询价文件需包括技术文件和商务文件两部分。

技术文件根据设计提交的请购文件编制，包括：设备、材料规格书或数据表，设计图纸，采购说明书，适用的标准规范，需供应商提交的图纸、资料清单和进度要求等。

商务文件包括：询价函，报价须知，项目采购基本条件，对包装、运输、交付和服务的要求，报价回函和商务报价表模板等。

4) 询比价方式进行的采买按以下程序进行：进行供应商资格预审，确认合格供应商，编制项目询价供应商名单；编制询价文件；实施询价，接受报价；组织报价评审；必要时与供应商澄清；签订采购合同或订单。

3　催交包括在办公室和现场进行催交。

4　检验包括驻厂监造和出厂检验等。

5　运输与交付包括合同约定的包装方式、运输的监督和交付。

6　仓储管理包括开箱检验、出入库管理和不合格品处置等。

7　现场服务管理包括采购技术服务、供货质量问题的处理、供应商专家服务的协调等。

8　采购收尾包括订单关闭、文件归档、剩余材料处理、供应商评定、采购完工报告编制以及项目采购工作总结等。

6.2.2　采购组可根据采购工作的需要对采购工作程序及其内容进行调整，并应符合项目合同要求。

6.3　采购执行计划

6.3.1　采购执行计划应由采购经理负责组织编制，并经项目经理批准后实施。

6.3.2　采购执行计划编制的依据应包括下列主要内容：

1　项目合同；

2　项目管理计划和项目实施计划；

3　项目进度计划；

4　工程总承包企业有关采购管理程序和规定。

6.3.3　采购执行计划应包括下列主要内容：

1　编制依据；

2 项目概况；

3 采购原则包括标包划分策略及管理原则，技术、质量、安全、费用和进度控制原则，设备、材料分交原则等；

4 采购工作范围和内容；

5 采购岗位设置及其主要职责；

6 采购进度的主要控制目标和要求，长周期设备和特殊材料专项采购执行计划；

7 催交、检验、运输和材料控制计划；

8 采购费用控制的主要目标、要求和措施；

9 采购质量控制的主要目标、要求和措施；

10 采购协调程序；

11 特殊采购事项的处理原则；

12 现场采购管理要求。

[详解]

在项目概况中，如需要还包括下列主要内容：

（1）调研运输市场、项目所在地货港的吐运能力，货港到项目所在地的内陆运输能力和价格（包括铁路和公路的运输能力、价格与装卸能力等）；

（2）所在地有关设备、材料机具进出口的一般性政策法规；

（3）关于第三国设备、材料禁入的规定，关于进口税和免税的规定，关于旧设备、材料进口的规定等。

6.3.4 采购组应按采购执行计划开展工作。采购经理应对采购执行计划的实施进行管理和监控。

[详解]

采购经理对采购执行计划的实施进行管理和监控，发生偏差时，及时采取纠正措施，如发现重大偏差，及时调整执行计划，并按照规定进行审批。

6.4 采 买

6.4.1 采买工作应包括接收请购文件、确定采买方式、实施采买和签订采购合同或订单等内容。

[详解]

1 采买是从接受请购文件到签发订单的过程。

2 采购执行计划要确定各类物资的采买方式。

3 确定采买方式是指根据项目的性质和规模、工程总承包企业的相关采购制度，以及所采购设备或材料对项目的影响程度，包括质量和技术要求、供货周期、数量、价格以及市场供货环境等因素，来确定采用招标、询比价、竞争性谈判和单一来源采购等方式。

6.4.2 采购组应按批准的请购文件组织采买。

[详解]

  1 询价文件分为两部分：技术文件和商务文件。项目设计经理组织专业设计人员准备请购技术文件，按照程序审批后提交项目采购组。商务文件是指根据工程总承包企业采购管理部门制定的商务类文件编制要求所编制的询价商务文件。采买工程师负责根据技术请购文件编制询价商务文件。

  2 全部请购文件由采买工程师核对其完整性、有效性并经采购经理批准。

  3 采买工程师负责组织发出标书（询价文件）、澄清、开标工作。

  4 技术负责人负责报价文件的技术评价并按照程序进行审批。

  5 采买工程师负责报价文件的商务评价及组织综合评价，并按照程序进行审批。

6.4.3 项目合格供应商应同时符合下列基本条件：

  1 满足相应的资质要求；

  2 有能力满足产品设计技术要求；

  3 有能力满足产品质量要求；

  4 符合质量、职业健康安全和环境管理体系要求；

  5 有良好的信誉和财务状况；

  6 有能力保证按合同要求准时交货；

  7 有良好的售后服务体系。

6.4.4 采买工程师应根据采购执行计划确定的采买方式实施采买。

6.4.5 根据工程总承包企业授权，可由项目经理或采购经理按规定与供应商签订采购合同或订单。采购合同或订单应完整、准确、严密、合法，宜包括下列主要内容：

  1 采购合同或订单正文及其附件；

  2 技术要求及其补充文件；

  3 报价文件；

  4 会议纪要；

  5 涉及商务和技术内容变更所形成的书面文件。

[详解]

  1 采购合同或订单的内容和格式由工程总承包企业编制。

  2 根据工程总承包企业授权管理原则，被授权人依据采购合同审批流程，负责组织采购合同的审批工作。

6.5 催交与检验

6.5.1 采购经理应组织相关人员，根据设备、材料的重要性划分催交与检验等级，确定催交与检验方式和频度，制定催交与检验计划并组织实施。

6.5.2 催交方式应包括驻厂催交、办公室催交和会议催交等。

[详解]

  1 催交是协调和督促供应商依据采购合同约定的进度交付文件和货物。

2 催交是指从订立采购合同或订单至货物交付期间为促使供应商履行合同义务、按时提交供应商文件、图纸资料和最终产品而采取的一系列督促活动。

3 催交工作的要点是及时发现供货进度已出现或潜在的问题，及时报告，督促供应商采取必要的补救措施，或采取有效的财务控制和其他控制措施，防止进度拖延和费用超支。当某一订单出现供货进度拖延，通过必要的协调手段和控制措施，使其对项目进度的影响控制在最小的范围内。

4 催交方式：

（1）驻厂催交：指催交人员直接到制造厂进行敦促和督办。

（2）办公室催交：指通过电话、传真、信件等通信手段来实现的一种催交方式。

（3）会议催交：指催交人员和供应商以会议方式讨论和解决制造、交货进度方面的问题。

5 催交等级一般划分为 A、B、C 三级，每一等级要求相应的催交方式和频度。催交等级为 A 级的设备、材料一般每 6 周进行一次驻厂催交，并且每 2 周进行一次办公室催交。催交等级为 B 级的设备、材料一般每 10 周进行一次驻厂催交，并且每 4 周进行一次办公室催交。催交等级为 C 级的设备、材料一般可不进行驻厂催交，但需定期进行办公室催交，其催交频度视具体情况决定。会议催交视供货状态定期或不定期进行。

6 发现拖延情况时采取如下措施：

（1）提高催交等级，必要时召开催交会议；

（2）分析原因和采取补救措施，提出设计和加工程序方面的改进方案；

（3）检查供应商赶工计划和绩效，如需要进行转（分）包；

（4）评估对总进度的影响，商定新的发货日期；

（5）经批准，采取其他应急措施。

6.5.3 催交工作宜包括下列主要内容：

1 熟悉采购合同及附件；

2 根据设备、材料的催交等级，制定催交计划，明确主要检查内容和控制点；

3 要求供应商按时提供制造进度计划，并定期提供进度报告；

4 检查设备和材料制造、供应商提交图纸和资料的进度符合采购合同要求；

5 督促供应商按计划提交有效的图纸和资料供设计审查和确认，并确保经确认的图纸、资料按时返回供应商；

6 检查运输计划和货运文件的准备情况，催交合同约定的最终资料；

7 按规定编制催交状态报告。

6.5.4 依据采购合同约定，采购组应按检验计划，组织具备相应资格的检验人员，根据设计文件和标准规范的要求确定其检验方式，并进行设备、材料制造过程中以及出厂前的检验。重要、关键设备应驻厂监造。

[详解]

1 检验是通过观察和判断，必要时结合测量、试验所进行的符合性评价。

2　检验工作是设备、材料质量控制的关键环节。为确保设备、材料的质量符合采购合同的规定和要求，避免由于质量问题而影响工程进度和费用控制，项目采购组需做好设备、材料制造过程中的检验或监造以及出厂前的检验。

3　检验工作需从原材料进货开始，包括材料检验、工序检验、中间控制点检验和中间产品试验、强度试验、致密性试验、整机试验、表面处理检验直至运输包装检验及商检等全过程或部分环节。

4　检验方式可分为放弃检验（免检）、资料审阅、中间检验、车间检验、最终检验和项目现场检验。

5　资料审阅是对供应商提供的内部检验资料的审阅，可包括下列主要内容：

（1）审核关键工序操作工的资格；

（2）审核主要元件、原材料质量证明书、复验报告等；

（3）审核各类检验报告；

（4）审核最终资料。

6　中间检验的活动发生在供应商工厂内，可包括下列主要内容：

（1）审阅资料中的所有内容；

（2）确认供应商用于制造、检验、试验的生产设备、仪表的完好性；

（3）确认供应商采用的制造、检验方法符合要求；

（4）抽查材料标志和加工标记；

（5）抽查各工序原始记录和检验报告；

（6）见证规定项目的检验过程并审核其检验报告的符合性。

7　车间检验的活动发生在供应商车间内，除中间检验的活动外，还包括下列主要内容：

（1）检查供应商各工序质量控制实施情况；

（2）见证所有外观、检查几何尺寸并审核其检验报告；

（3）见证规定项目的检验过程并审核全部的检验报告。

8　最终检验的活动发生在供应商工厂内，可包括下列主要内容：

（1）对外观、最终几何尺寸进行检查，并审核检验报告；

（2）见证规定的最终检验项目并审核其检验报告；

（3）审核所有无损检验报告并抽查射线探伤底片；

（4）对表面处理、油漆和包装进行确认；

（5）确认产品铭牌参数与产品一致性；

（6）审核所有交工（或装箱）资料是否齐全；

（7）如放弃中间检验，则最终检验活动还包括对中间检验全部活动相应的检验记录和报告进行审核；

（8）如放弃车间检验，则最终检验活动还包括对车间检验活动内容相应的检验记录和报告进行审核。

6.5.5　对于有特殊要求的设备、材料，可与有相应资格和能力的第三方检验单位签订检验合同，委托其进行检验。采购组检验人员应依据合同约定对第三方的检验工作实施监督和控制。合同有约定时，应安排项目发包人参加相关的检验。

[详解]

 1 由第三方实施的设备、材料供应商现场检验要满足合同要求，并在采购订货合同和第三方检验委托协议书中予以明确。

 2 项目承包人的验收不能免除供应商提供合格产品的责任和义务。

6.5.6 检验人员应按规定编制驻厂监造及出厂检验报告。检验报告宜包括下列主要内容：

 1 合同号、受检设备、材料的名称、规格和数量；

 2 供应商的名称、检验场所和起止时间；

 3 各方参加人员；

 4 供应商使用的检验、测量和试验设备的控制状态并应附有关记录；

 5 检验记录；

 6 供应商出具的质量检验报告；

 7 检验结论。

[详解]

 1 检验记录包括检验过程记录、文件审查记录，以及未能目睹或未能得以证明的主要事项的记录。必要时，需附实况照片和简图。

 2 检验结论中，对不符合合同要求的问题，需列出不符合项的内容，并对不符合项整改情况进行说明。如果在检验过程中有无法整改或无法消除的不符合项，需由项目经理组织相关专业人员进行论证，给出结论。

6.6 运输与交付

6.6.1 采购组应依据采购合同约定的交货条件制定设备、材料运输计划并实施。计划内容宜包括运输前的准备工作、运输时间、运输方式、运输路线、人员安排和费用计划等。

[详解]

 1 运输是将采购货物按计划安全运抵合同约定地点的活动。

 2 运输业务是指供应商提供的设备、材料制造完工并验收完毕后，从采购合同或订单规定的发货地点到合同约定的施工现场或指定仓储这一过程中的运输、保险和货物交付等工作。

6.6.2 采购组应依据采购合同约定，对包装和运输过程进行监督管理。

[详解]

 1 设备、材料的包装和运输需满足采购合同约定。在采购合同中，需包括包装规定、标识标准、多次装卸和搬运及运输安全、防护的要求。

 2 运输包装（以下简称包装）要符合国家和行业现行有关标准规范，并在采购合同中明确。

　　3　包装是用于保护设备、材料在运输过程中免遭损坏，便于搬运、装卸和运输的手段，对于某些特殊材料的包装还要达到防盗的要求。

　　4　包装规定要包含运输和储存期间设备、材料的防护和识别的附加要求。

6.6.3　对超限和有特殊要求设备的运输，采购组应制定专项运输方案，可委托专门运输机构承担。

［详解］

　　1　超限设备是指包装后的总重量、总长度、总宽度或总高度超过国家、行业有关规定的设备。

　　2　做好超限设备的运输工作需注意下列主要内容：

　　（1）从供应商获取准确的超限设备运输包装图、装载图和运输要求等资料。对经过的道路（铁路、公路）桥梁和涵洞进行调查研究，制定超限设备专项的运输方案或委托制定运输方案。

　　（2）委托运输

　　1）编制完整准确的委托运输询价文件；

　　2）严格执行对承运人的选择和评审程序，必要时，需进行实地考察；

　　3）对运输报价进行严格的技术评审，包括方案和保证措施，签订运输合同；

　　4）审查承运人提交的运输实施计划。

　　3　检验设备的运输包装、加固和防护等情况。

　　4　必要时，需进行监装、监卸和（或）监运。

　　5　必要时，需检查沿途的桥涵、道路的加固情况，落实港口起重能力和作业方案。

　　6　检查货运文件的完整、有效性。

6.6.4　对国际运输，应依据采购合同约定、国际公约和惯例进行，做好办理报关、商检及保险等手续。

［详解］

　　国际运输是指按照与国外项目分包人（供应商或承运方）签订的进口合同所使用的贸易术语。采用各种运输工具，进行与贸易术语相应的，自装运口岸到目的口岸的国际货物运输，并按照所用贸易术语中明确的责任范围办理相应手续，如：进口报关、商检和保险等。在国际采购和国际运输业务中，主要采用我国对外贸易中常用的装运港船上交货（FOB）、成本加运费（CFR）、成本加保险和运费（CIF）、货交承运人（FCA）、运费付至（CPT）、运费和保险费付至（CIP）等贸易术语。

6.6.5　采购组应落实接货条件，编制卸货方案，做好现场接货工作。

6.6.6　设备、材料运至指定地点后，接收人员应对照送货单清点、签收、注明设备和材料到货状态及其完整性，并填写接收报告并归档。

［详解］

　　根据设备、材料的不同类型，接收工作包括下列主要内容：

（1）核查货运文件；

（2）对数量（件数）进行验收；

（3）检查货物和货运文件相一致；

（4）检查外包装及裸装设备、材料的外观质量和标识；

（5）对照清单逐项核查随货图纸、资料，并加以记录。

6.7　采购变更管理

6.7.1　项目部应按合同变更程序进行采购变更管理。

[详解]

1　采购询价文件主要条款发生变更时要纳入合同管理，并经合同管理人员审阅，以规避风险。

2　对已提交采购组的技术文件进行修订而产生的变更文件，要按照项目设计变更审批程序经设计经理审核和项目经理批准后。再由采买工程师同时发送给所有的询价对象。

3　采购合同文件签订后，对其内容的任何修改（增补、删减和修订等）均要得到合同签订双方的书面认可，并形成书面协议，成为补充合同。

6.7.2　根据合同变更的内容和对采购的要求，采购组应预测相关费用和进度，并应配合项目部实施和控制。

6.8　仓 储 管 理

6.8.1　项目部应在施工现场设置仓储管理人员，负责仓储管理工作。

[详解]

仓储管理可由采购组或施工组负责管理。可设立相应的管理机构和岗位。

6.8.2　设备、材料正式入库前，依据合同约定应组织开箱检验。

[详解]

1　开箱检验以合同为依据，决定开箱检验工作范围和检验内容，进口设备、材料的开箱检验按照国家有关法律法规执行。

2　根据实际情况确定开箱检验的深度。如采购组已实施了合同货物的出厂检验，则现场开箱检验主要以外观检验为主。如需要且条件许可，可扩大检验范围和深度，直至全面的品质检验。

3　进口设备、材料的开箱检验要严格执行国家及商检机构现行有关法律法规及规定，在当地商检机构的监督下实施开箱检验。

4　根据设备、材料类别，确定开箱检验组人员组成：

（1）项目采购组派出的开箱检验负责人；

（2）采购组专业检验人员、仓储管理人员和档案资料管理人员；

（3）设计专业代表（必要时）；

（4）施工专业工程师；

（5）供应商代表；

（6）商检机构派出的商检代表（进口设备、材料）；

（7）施工安装单位的质检代表；

（8）项目发包人的检验代表（必要时）；

（9）劳动主管部门安全监检代表（必要时）。

6.8.3　开箱检验合格的设备、材料，具备规定的入库条件，应提出入库申请，办理入库手续。

[详解]

1　开箱检验需按合同检查设备、材料及其备品备件和专用工具的外观、数量以及随机文件等是否齐全，并做好记录。

2　凡不符合合同要求的设备、材料，不能办理入库手续。

6.8.4　仓储管理工作应包括物资接收、保管、盘库和发放，以及技术档案、单据、账目和仓储安全管理等。仓储管理应建立物资动态明细台账，所有物资应注明货位、档案编号和标识码等。仓储管理员应登账并定期核对，使账物相符。

6.8.5　采购组应制定并执行物资发放制度，根据批准的领料申请单发放设备、材料，办理物资出库交接手续。

[详解]

1　仓储管理人员要严格遵守物资发放制度，杜绝错发、漏发和重发等错误。按照施工组提交的用料计划，编制出库计划，落实搬运机具、人员和场地，保证施工进度和工程质量。

2　对于不符合规定或没有正式领料申请单的领料要求，仓储管理人员有权拒绝。

3　出库交接手续要在仓储管理人员对申领物资和资料复核无误后由领料人当面签收。

4　除准允免检的商品外，未经检验的或经检验确定不合格的商品不得发放使用。

5　发货完毕后，要对库房和账目进行盘点，核对结余，查明损耗，整理单据，发现问题，及时解决。

第7章 项目施工管理

7.1 一般规定

7.1.1 工程总承包项目的施工应由具备相应施工资质和能力的企业承担。

7.1.2 施工管理应由施工经理负责,并适时组建施工组。在项目实施过程中,施工经理应接受项目经理和工程总承包企业施工管理部门的管理。

[详解]

1 由工程总承包企业负责施工管理的部门向项目部派出施工经理及施工管理人员,在项目执行过程中接受派遣部门和项目经理的管理,在满足项目矩阵式管理要求的形式下,实现项目施工的目标管理。

2 施工管理是以项目的施工为管理对象,以取得最佳的经济效益和社会效益为目标,以施工组为中心,以合同约定、项目管理计划和项目实施计划为依据,实现资源的优化配置和对各生产要素进行有效的计划、组织、指导和控制的过程。

3 工程总承包项目施工管理通常有两种模式:第一种是企业直接承担施工任务;第二种是将施工工作分包。

4 工程总承包企业直接承担施工任务,项目施工管理包括下列主要工作内容和要求:

(1) 进行项目施工管理规划;

(2) 对施工项目的生产要素进行优化配置和动态管理;

(3) 施工过程管理;

(4) 安全、职业健康、环境保护、文明施工和绿色建造管理等。

5 工程总承包企业将施工工作分包,项目施工管理包括下列主要工作内容和要求:

(1) 选择施工分包商;

(2) 对施工分包商的施工方案进行审核;

(3) 施工过程的质量、安全、费用、进度、职业健康和环境保护以及绿色建造等控制;

(4) 协调施工与设计、采购、试运行之间的接口关系;

(5) 当有多个施工分包商时,对施工分包商间的工作界面进行协调和控制。

6 工程总承包项目的施工管理由施工经理负责。

7 项目施工组职责

统筹安排施工活动，保证有节奏性的连续施工，确保项目施工质量、安全、费用、进度、职业健康和环境保护等管理最优化，保证按期、优质、低耗和节能实现项目目标。

8 项目施工组各岗位职责

（1）施工经理

根据合同要求，执行项目施工执行计划，负责项目的施工管理，对施工质量、安全、费用和进度进行监控。负责对项目分包人的协调、监督和管理工作。

具体工作如下：

1）组织编制施工执行计划；

2）施工进度控制；

3）施工费用控制；

4）施工质量控制；

5）施工安全、职业健康与环境管理控制；

6）施工现场管理；

7）施工变更管理等。

（2）技术负责人

1）协助施工经理进行技术管理工作，主持编制项目施工组织设计和重大施工方案，审批施工分包商的施工组织设计和施工方案，协调施工分包商之间的技术问题；

2）组织可施工性分析、图纸会审和施工技术交底；

3）评估变更对施工的影响；

4）主持制定质量整改的技术方案；

5）主持施工技术会议，组织施工关键技术科研攻关，新工艺、新技术的研究和技术培训；

6）负责技术文件及竣工图管理和归档工作。

（3）工程管理负责人

1）对现场施工活动实施全方位、全过程管理；

2）编制施工执行计划；

3）负责大型机具、设备的现场调度；

4）负责各专业的施工配合与协调；

5）对市政、交通、环卫、市容、街道和居民等进行协调；

6）负责总体工程量完成情况的统计和资料管理；

7）负责现场施工的过程控制，检查工程的质量与进度；

8）完成分部、分项和单位工程的报验工作。

（4）安全负责人

1）负责建立项目职业健康安全管理体系和环境管理体系、各类安全生产制度，制定安全、职业健康与环境管理计划，并对执行情况进行检查、监控；

2）负责制定并组织实施全员安全、职业健康与环境管理培训和应急演练计划；

3）负责项目的安全、消防和保卫等工作，并监督施工分包商的相关工作；

4) 负责隐患排查、风险告知，及发现问题的整改、关闭情况；

5) 负责现场文明施工管理；

6) 负责分部、分项工程技术安全交底工作；

7) 负责建立、健全安全管理台账，做好各种安全记录资料整理工作；

8) 负责事故、事件管理。

(5) 质量负责人

1) 负责建立项目质量管理体系、各类质量管理制度，制定质量管理计划，并对执行情况进行检查、监控；

2) 按照质量文件与合同要求，实施全过程的质量控制和检查、监督工作；

3) 负责对分部、分项工程及最终产品的检验，并参与最终产品的质量评定工作；

4) 负责整个工程质量验收工作；

5) 负责建立、健全质量管理台账，做好各种质量文件整理工作；

6) 负责事故、事件管理。

9 施工与设计、采购和试运行的接口关系

(1) 在施工与设计的接口关系中，对下列主要内容的接口实施重点控制：

1) 对设计的可施工性分析；

2) 接收设计交付的文件；

3) 图纸会审、设计交底；

4) 评估设计变更对施工进度的影响。

(2) 在施工与采购的接口关系中，对下列主要内容的接口实施重点控制：

1) 现场的开箱检验；

2) 施工接收所有设备、材料；

3) 施工过程中发现与设备、材料质量有关问题的处理对施工进度的影响；

4) 评估采购变更对施工进度的影响。

(3) 在施工与试运行的接口关系中，对下列主要内容的接口实施重点控制：

1) 施工执行计划与试运行执行计划不协调时对进度的影响；

2) 试运行过程中发现的施工问题的处理对进度的影响。

7.2 施工执行计划

7.2.1 施工执行计划应由施工经理负责组织编制，经项目经理批准后组织实施，并报项目发包人确认。

[详解]

1 工程项目施工执行计划是对项目施工在技术、组织、人力、物力、时间和空间等方面所做的全面合理的安排，是依据合同确定的各项施工要求，并用来指导施工项目全过程活动的技术、经济和组织的综合性文件。其内容主要包括经济合理安全环保的施工方案，切实可行安全有效的施工进度，科学有效的技术组织措施，高效的资源优化配置，布置合理的施工现场空间等。

2　施工执行计划的编制

（1）编制原则

施工执行计划编制要满足对施工过程的指导和控制作用，在一定的资源条件下实现工程项目的技术经济效益。施工执行计划编制要充分考虑并符合下列原则：

1）根据实际情况审核施工方案和施工工艺；

2）严格遵守国家和合同约定的工程竣工及交付使用期限；

3）采用现代项目管理技术、流水施工方法和网络计划技术，组织有节奏、均衡和动态连续的施工；

4）充分利用施工机械和设备，提高施工机械化、自动化程度，改善劳动条件，提高生产率；

5）要注意根据地区条件和材料、构件条件，通过技术经济比较，恰当地选择专项技术方案，努力提高施工作业的工业化程度；

6）尽可能利用永久性设施和组装式施工设施，科学地规划施工总平面，努力减少施工临时设施建造量和用地；

7）优化现场物资储存量，确定物资储存方式，尽量减少库存量和物资损耗；

8）根据季节气候变化，科学安排施工，保证施工质量和进度的均衡性和连续性；

9）优先考虑施工的安全、职业健康和环境保护要求。

（2）编制依据

施工执行计划主要根据下列文件、图纸、工程法规、质量检验评定标准等编制而成：

1）工程总承包合同文件及项目实施计划文件；

2）工程施工图纸及其标准图集；

3）工程地质勘察报告、地形图和工程测量控制网；

4）气象、水文资料及地区人文状况调查资料；

5）工程建设法律法规和有关规定；

6）企业积累的项目施工经验资料；

7）现行的相关国家标准、行业标准、地方标准和企业施工工艺标准；

8）企业质量管理体系、职业健康安全管理体系和环境管理体系文件。

（3）编制程序和人员资格

1）编制人、审核人和审批人要具备一定的施工和管理经验；

2）施工计划由施工经理组织编制，经企业施工管理部门审核，由项目经理批准后组织实施，必要时报项目发包人确认；

3）施工分包商的施工计划要由施工分包商编制和审核，并报项目部审批；

4）项目施工执行计划要盖企业法定图章，施工分包商施工执行计划要加盖施工分包商法定印章。

7.2.2　施工执行计划宜包括下列主要内容：

    1 工程概况；

    2 施工组织原则；

    3 施工质量计划；

    4 施工安全、职业健康和环境保护计划；

    5 施工进度计划；

    6 施工费用计划；

    7 施工技术管理计划，包括施工技术方案要求；

    8 资源供应计划；

    9 施工准备工作要求。

[详解]

    1 工程概况

    工程概况是对整个工程情况的概括说明，主要内容包括：工程构成状况、各专业工程设计概况以及建设项目的现场条件等。

    工程构成状况是指工程名称、性质、建造地点、建设规模、项目建设单位、设计单位和监理单位等；专业工程设计概况是指建筑、市政和设备安装等各专业，如建筑工程中的建筑设计概况、结构设计概况等；工程现场条件是施工场地三通一平状况、水电供应能力和是否具有前期已完工的项目等。

    2 施工组织原则

    （1）贯彻国家对基本建设的各项方针政策，执行基本建设程序和施工程序，重视工程施工的目标控制，确保满足项目质量、安全、费用、进度、职业健康和环境保护等的要求。

    （2）符合施工合同或招标文件约定的建设工期和质量、安全、环境保护和造价等方面各项技术经济指标的要求。

    （3）进行技术经济比较，优化施工技术方案，严格执行工程施工验收规范、操作规程，积极开发使用新技术和新工艺，推广应用新材料和新设备，提高施工的工业化程度，重视管理创新和技术创新，提高劳动生产率。

    （4）坚持科学合理的施工工序，充分利用时间和空间，加强综合平衡，实现均衡施工，合理利用资源，加快工程进度，达到合理的经济技术指标。

    （5）因地制宜，就地取材，减少物资运输量，节约能源；采取技术管理措施，推广节能和绿色施工。

    （6）合理部署施工现场，加强安全、职业健康与环境管理，提高场地利用率，减少临时设施用地。

    （7）现场管理与质量管理体系、职业健康安全管理体系和环境管理体系有效结合，组织机构设置力求精简、高效，推行计算机网络在项目中的应用。

    （8）企业取得最好的经济效益、社会效益和节能环保效益。

    3 施工质量计划

    施工质量计划审批后作为对外质量保证和对内质量控制的依据，体现施工过程的质量管理和控制要求，包括下列主要内容：

（1）编制依据；

（2）质量保证体系；

（3）质量目标；

（4）质量目标分解；

（5）质量控制点及检验级别的确定；

（6）质量保证的技术管理措施；

（7）施工过程监测、分析和改进；

（8）材料、设备检验制度；

（9）工程质量问题处理方法。

4 施工安全、职业健康和环境保护计划

施工安全、职业健康和环境保护计划，包括下列主要内容：

（1）政策依据；

（2）管理组织机构；

（3）技术保证措施；

（4）管理措施。

5 施工进度计划

施工进度计划由施工组根据施工执行计划组织编制，包括编制说明、施工总进度计划、单项工程进度计划和单位工程进度计划。施工总进度计划要报项目发包人确认，包括下列主要内容：

（1）编制依据：

1）项目合同；

2）施工执行计划；

3）施工进度目标；

4）设计文件；

5）施工现场条件；

6）供货进度计划；

7）有关技术经济资料。

（2）编制施工进度计划要遵循下列程序：

1）收集资料；

2）确定进度控制目标；

3）计算工程量；

4）确定各单项、单位工程的施工工期和开、竣工日期；

5）确定施工流程；

6）编制施工进度计划；

7）编写施工进度计划说明书。

6 施工费用计划

制定施工费用计划是把整个施工项目估算的费用分配到各项活动和各部分工作上，进而确定测量施工项目计划执行情况的费用基准。费用计划也常常称作费用预算，包括下列主要内容：

（1）根据不同深度的设计文件和技术资料，采用相应的估算方法编制施工项目费用估算。主要依据如下：

1）项目合同；

2）施工图及变更施工图预算，施工组织设计及施工方案；

3）已签订的施工分包合同；

4）主要材料、专业分包和劳动力价格市场信息；

5）有关财务费用核算制度；

6）国家和地方政府颁布的现行相关法律规定和标准等；

7）工程总承包企业内部承包合同或经济责任制。

（2）施工组要根据分包合同和批准的项目施工估算分配到各个工作单元，即成为施工费用预算，以此作为费用控制的依据和执行的基准。

1）制定施工费用控制计划要以各项活动和各部分工作的费用估算、工作分解结构和项目进度计划为依据，并按照规定的费用核算账目和审核程序执行。施工费用控制计划编制经项目经理批准后方可实施。

2）费用计划可采用下列方式编制：按照单项工程、单位工程分解；按照工作结构分解；按照项目进度分解。

（3）项目部采用目标管理方法对项目施工期间的费用发生过程进行控制。费用控制的主要依据为费用控制计划、进度报告及施工变更。

7 施工技术管理计划，包括施工技术方案要求

施工技术管理计划包括施工技术方案要求，包括下列主要内容：

（1）施工技术方案编写要求；

（2）结构复杂、容易出现质量安全问题、施工难度大、技术含量高、危险性较大的分部、分项工程要编制专项施工方案。

8 资源供应计划

（1）施工资源供应计划包括五个方面的内容：劳动力需求计划，主要材料和预制品需求计划，施工机械设备、大型工具、器具需求计划，施工工艺设备需求计划，施工设施需求计划。

（2）各种资源供应计划要根据施工进度计划确定具体的需求总量及进场时间，要保存有"资源供应计划"编制的依据和基础数据，以备查询和满足施工过程中持续改进的需要。

（3）资源供应计划要根据施工部署和施工进度计划确定，资源供应计划是组织施工项目所需各种资源进退场的依据。

9 施工准备工作要求

（1）技术准备包括需要编制专项施工方案、施工计划、试验工作计划和职工培训

计划，向项目发包人索取已施工项目的验收证明文件等。生产准备包括现场道路、水、电来源及其引入方案，机械设备的来源，各种临时设施的布置，劳动力的来源及有关证件的办理，选定施工分包商并签订施工分包合同等。

（2）需要项目发包人完成的施工准备工作是指提供施工场地、水电供应、现场的坐标和高程等要项目发包人办理报批手续。

（3）施工单位的准备工作是指技术准备工作、资源准备工作、施工现场准备工作和施工场外协调工作。

1）技术准备工作要从熟悉和审查施工图纸、自然条件和技术经济条件调查分析、编制施工图预算和施工预算、编制施工组织设计、制定专项方案和技术交底计划和有针对性进行工人上岗前的技术培训等几方面进行准备；

2）资源准备工作要从编制资源供应计划、制定保证资源顺利供应的各项措施两个方面进行准备；

3）施工现场准备工作是从施工现场控制网测量、做好"三通一平"、按照计划建造各项施工设施、按照计划组织各项资源进场等方面进行准备。

7.2.3 施工采用分包时，项目发包人应在施工执行计划中明确分包范围、项目分包人的责任和义务。

[详解]

1 对施工分包商的主要管理措施

与施工分包商签订质量、安全、进度、职业健康和环境保护以及文明施工目标责任协议书，建立定期检查制度，利用网络系统等信息化技术参与和支持施工分包管理。

2 与各施工分包商的协调措施

在施工执行计划中，要明确分包范围、施工分包商的责任和义务。施工执行计划的相关内容与要求，要通过施工分包合同、专项协议和管理交底等形式，向施工分包商进行传达和沟通。施工分包商在组织施工过程中要执行并满足项目施工执行计划的要求，项目承包人在实施过程中对此进行监督。

7.2.4 施工组应对施工执行计划实行目标跟踪和监督管理，对施工过程中发生的工程设计和施工方案重大变更，应履行审批程序。

[详解]

1 项目部严格控制施工过程中有关工程设计和施工方案的重大变更。这些变更对施工执行计划将产生较大影响，需及时对影响范围和影响程度进行评审，当需要调整施工执行计划时，需按照规定重新履行审批程序。

2 符合下列情况之一的，要考虑对施工执行计划进行修改或调整：

（1）重大施工工程变更；

（2）重大施工条件变化；

（3）相关法规变化；

（4）项目发包人提出缩短工期或延长工期；

（5）项目发包人提出对质量及特征要求的变更；

（6）各种原因造成项目停工；

（7）项目发包人违约；

（8）发生不可抗力事件。

项目部要及时对变更的影响范围和影响程度进行评审，以确定是否调整项目施工计划。当要修改或调整施工计划时，要按照施工计划的编写、审核和审批的规定程序进行。

7.3 施工进度控制

7.3.1 施工组应根据施工执行计划组织编制施工进度计划，并组织实施和控制。

7.3.2 施工进度计划应包括施工总进度计划、单项工程进度计划和单位工程进度计划。施工总进度计划应报项目发包人确认。

7.3.3 编制施工进度计划的依据宜包括下列主要内容：

1 项目合同；

2 施工执行计划；

3 施工进度目标；

4 设计文件；

5 施工现场条件；

6 供货计划；

7 有关技术经济资料。

7.3.4 施工进度计划宜按下列程序编制：

1 收集编制依据资料；

2 确定进度控制目标；

3 计算工程量；

4 确定分部、分项、单位工程的施工期限；

5 确定施工流程；

6 形成施工进度计划；

7 编写施工进度计划说明书。

7.3.5 施工组应对施工进度建立跟踪、监督、检查和报告的管理机制。

[详解]

施工组对施工进度计划采取定期（按周或月）检查方式，掌握进度偏差情况，对影响因素进行分析，并按照规定提供月度施工进展报告，报告包括下列主要内容：

（1）施工进度执行情况综述；

（2）实际施工进度（图表）；

（3）已发生的变更、索赔及工程款支付情况；

（4）进度偏差情况及原因分析；

（5）解决偏差和问题的措施。

7.3.6　施工组应检查施工进度计划中的关键路线、资源配置的执行情况，并提出施工进展报告。施工组宜采用赢得值等技术，测量施工进度，分析进度偏差，预测进度趋势，采取纠正措施。

7.3.7　施工进度计划调整时，项目部按规定程序应进行协调和确认，并保存相关记录。

7.4　施工费用控制

7.4.1　施工组应根据项目施工执行计划，估算施工费用，确定施工费用控制基准。施工费用控制基准调整时，应按规定程序审批。

[详解]

　　项目部需进行施工范围规划和相应的工作结构分解，进而作出资源配置规划，确定施工范围内各类（项）活动所需资源的种类、数量、规格、品质等级和投入时间（周期）等，并作为进行施工费用估算和确定施工费用控制（支付）的基准。

7.4.2　施工组宜采用赢得值等技术，测量施工费用，分析费用偏差，预测费用趋势，采取纠正措施。

[详解]

　　施工费用控制要包含下列主要内容：

　　（1）人工费的控制；

　　（2）材料费的控制；

　　（3）机械使用费的控制；

　　（4）施工分包费用控制。

7.4.3　施工组应依据施工分包合同、安全生产管理协议和施工进度计划制定施工分包费用支付计划和管理规定。

[详解]

　　项目部根据施工分包合同约定和施工进度计划，制定施工费用支付计划并予以控制。通常按下列程序进行：

　　（1）进行施工费用估算，确定计划费用控制基准。估算时，要考虑经济环境（如通货膨胀、税率和汇率等）的影响。当估算涉及重大不确定因素时，采取措施减小风险，并预留风险应急备用金。初步确定计划费用控制基准。

　　（2）制定施工费用控制（支付）计划。在进行资源配置和费用估算的基础上，按照规定的费用核算和审核程序，明确相关的执行条件和约束条件（如许用限额、应急备用金等）并形成书面文件。

　　（3）评估费用执行情况。对照计划的费用控制基准，确认实际发生与基准费用的偏差，做好分析和评价工作。采取措施对产生偏差的基本因素施加影响和纠正，使施工费用得到控制。

　　（4）对影响施工费用的内外部因素进行监控，预测、预报费用变化情况，可按照规定程序作出合理调整，以保证工程项目正常进展。

7.5 施工质量控制

7.5.1 施工组应监督施工过程的质量，并对特殊过程和关键工序进行识别与质量控制，并应保存质量记录。

[详解]

对特殊过程质量管理一般符合下列规定，并保存记录：

（1）在质量计划中识别、界定特殊过程，或要求项目分包人进行识别，项目部加以确认；

（2）按照有关程序编制或审核特殊过程作业指导书；

（3）设置质量控制点对特殊过程进行监控，或对项目分包人控制的情况进行监督；

（4）对施工条件变化而必须进行再确认的实施情况进行监督。

7.5.2 施工组应对供货质量按规定进行复验并保存活动结果的证据。

[详解]

对设备、材料质量进行监督，确保合格的设备、材料应用于工程。对设备、材料质量的控制一般符合下列规定，并保存记录：

（1）对进场的设备、材料按照有关标准和见证取样规定进行检验和标识，对未经检验或检验不合格的设备、材料按照规定进行隔离、标识和处置；

（2）对项目分包人采购设备、材料的质量进行控制，必须保证合格的设备、材料用于工程；

（3）对项目发包人提供的设备、材料依据合同约定进行质量控制，必须保证合格的设备、材料用于工程。

7.5.3 施工组应监督施工质量不合格品的处置，并验证其实施效果。

[详解]

1 当出现一般不合格或质量通病，由质量工程师下发质量信息传递单，由专业工程师及时组织返工，使施工质量达到合格。

2 返工后的工程由专业工程师填写信息反馈表，说明返工处理办法和完成时间，由项目质量工程师及专业质检员根据信息反馈表对返工进行复查，并填写工程质量复查表备案。

3 一旦出现严重不合格或事故，立即报知项目发包人，并由项目部组织有关人员分析原因，形成书面整改报告报项目发包人及其他有关部门，经有关部门书面确认后按照相应的整改方案采取必要的措施，由施工组组织人力进行返工，确保工程始终处于合格状态。

7.5.4 施工组应对所需的施工机械、装备、设施、工具和器具的配置以及使用状态进行有效性和安全性检查，必要时进行试验。操作人员应持证上岗，按操作规程作业，并在使用中做好维护和保养。

［详解］

　　1　对所需的施工机械、装备、设施、工具和器具的检查和试验，要依据相关技术文件进行，并保留相关检查和试验记录。

　　2　对于大型的施工机械、装备和设施，由有相应资质的单位进行检查和试验。

7.5.5　施工组应对施工过程的质量控制绩效进行分析和评价，明确改进目标，制定纠正措施，进行持续改进。

［详解］

　　对施工过程质量进行测量监视所得到的数据，运用适宜的方法进行统计、分析和对比，识别质量持续改进的机会，确定改进目标，评审纠正措施的适宜性。采取合适的方式保证这一过程持续有效进行。

7.5.6　施工组应根据施工质量计划，明确施工质量标准和控制目标。

［详解］

　　通过施工分包合同，明确项目分包人需承担的质量职责，审查项目分包人的质量计划与项目质量计划的一致性。

7.5.7　施工组应组织对项目分包人的施工组织设计和专项施工方案进行审查。

7.5.8　施工组应按规定组织或参加工程质量验收。

［详解］

　　工程质量验收包括施工过程质量验收、工程质量预验收和竣工验收。

7.5.9　当实行施工分包时，项目部应依据施工分包合同约定，组织项目分包人完成并提交质量记录和竣工文件，并进行评审。

［详解］

　　工程质量记录是反映施工过程质量结果的直接证据，是判定工程质量性能的重要依据。因此，保持质量记录的完整性和真实性是工程质量管理的重要内容。需组织或监督项目分包人做好工程竣工资料的收集、整理和归档等工作。同时，对项目分包人提供的竣工图纸和文件的质量进行评审。

7.5.10　当施工过程中发生质量事故时，应按国家现行有关规定处理。

7.6　施工安全管理

7.6.1　项目部应建立项目安全生产责任制，明确各岗位人员的责任、责任范围和考核标准等。

7.6.2　施工组应根据项目安全管理实施计划进行施工阶段安全策划，编制施工安全计划，建立施工安全管理制度，明确安全职责，落实施工安全管理目标。

［详解］

　　项目部进行施工安全管理策划的目的，是确定针对性的安全技术和管理措施计划，以控制和减少施工不安全因素，实现施工安全目标。策划过程包括对施工危险源的识别、风险评价和风险应对措施等的制定。

（1）根据工程施工的特点和条件，识别需控制的施工危险源，它们涉及：

1）正常的、周期性和临时性、紧急情况下的活动；

2）进入施工现场所有人员的活动；

3）施工现场内所有的物料、设施和设备。

（2）采用适当的方法，根据对可预见的危险情况发生的可能性和后果的严重程度，评价已识别的全部施工危险源，根据风险评价结果，确定重大施工危险源。

（3）风险应对措施根据风险程度确定：

1）对一般风险通过现行运行程序和规定予以控制；

2）对重大风险，除执行现行运行程序和规定予以控制外，还需编制专项施工方案或专项安全措施予以控制。

7.6.3 施工组应按安全检查制度组织现场安全检查，掌握安全信息，召开安全例会，发现和消除隐患。

7.6.4 施工组应对施工安全管理工作负责，并实行统一的协调、监督和控制。

7.6.5 施工组应对施工各阶段、部位和场所的危险源进行识别和风险分析，制定应对措施，并对其实施管理和控制。

7.6.6 依据合同约定，工程总承包企业或分包商必须依法参加工伤保险，为从业人员缴纳保险费，鼓励投保安全生产责任保险。

7.6.7 施工组应建立并保存完整的施工记录。

[详解]

施工记录包括施工安全记录。

7.6.8 项目部应依据分包合同和安全生产管理协议的约定，明确各自的安全生产管理职责和应采取的安全措施，并指定专职安全生产管理人员进行安全生产管理与协调。

7.6.9 工程总承包企业应建立监督管理机制。监督考核项目部安全生产责任制落实情况。

7.7 施工现场管理

7.7.1 施工组应根据施工执行计划的要求，进行施工开工前的各项准备工作，并在施工过程中协调管理。

[详解]

现场施工开工前的准备工作一般包括下列主要内容：

（1）现场管理组织及人员；

（2）现场工作及生活条件；

（3）施工所需的文件、资料以及管理程序和规章制度；

（4）设备、材料、物资供应及施工设施、工器具准备；

（5）落实工程施工费用；

（6）检查施工人员进入现场并按计划开展工作的条件；

（7）需要社会资源支持条件的落实情况。

通常，需将重要的准备工作纳入施工执行计划，作为施工管理的依据。

7.7.2　项目部应建立项目环境管理制度，掌握监控环境信息，采取应对措施。

7.7.3　项目部应建立和执行安全防范及治安管理制度，落实防范范围和责任，检查报警和救护系统的适应性和有效性。

7.7.4　项目部应建立施工现场卫生防疫管理制度。

［详解］

项目部需落实专人负责管理现场卫生防疫工作，并检查职业健康工作和急救设施等的有效性。

7.7.5　当现场发生安全事故时，应按国家现行有关规定处理。

7.8　施工变更管理

7.8.1　项目部应按合同变更程序进行施工变更管理。

［详解］

1　施工变更管理原则

（1）施工变更按照项目变更程序进行；

（2）施工变更要以书面形式签认，并作为相关合同的补充内容；

（3）任何未经审批的施工变更均无效；

（4）对已批准或确认的施工变更，项目部要监督施工分包商按照变更要求实施，并在规定时限内完成；

（5）对影响范围较大或工程复杂的施工变更，项目部要对相关方作好监督和协调工作；

（6）变更要以保证安全和质量为前提。

2　施工变更管理程序

（1）当施工变更涉及质量、安全和环境保护等内容时，要按照规定经有关部门审定。

（2）施工组要了解实际情况并收集与施工变更有关的资料。

（3）对项目发包人或项目分包人提出的施工变更，项目部需根据实际情况和有关资料，按照施工合同的有关条款，对施工变更的费用和工期做出评估，确定施工变更的合理性：

1）确定施工变更项目的工程量；

2）确定施工变更的单价或总价；

3）确定施工变更需要的合理工期。

（4）施工变更单需包括变更要求、变更说明、变更费用和工期等内容以及必要的附件。

（5）施工组要根据施工变更单组织施工。

7.8.2　施工组应根据合同变更的内容和对施工的要求，对质量、安全、费用、进度、职业健康和环境保护等的影响进行评估，并应配合项目部实施和控制。

[详解]

1 项目部与项目分包人对施工变更的质量、费用和工期进行评估并协商一致后，将协商结果报送项目发包人审查，项目发包人在变更文件上签字确认后，即成为施工变更。

2 施工中要对原工程设计进行变更时，要以书面形式向项目分包人发出变更通知。

3 在施工变更确定后，项目分包人要在合同约定时间内，提出变更工程价款的报告，经项目部批复后调整施工分包合同价款。

4 在施工变更确定后，项目分包人未在合同约定时间内提出变更工程价款报告时，视为该项变更不涉及合同价款的调整。

5 项目部收到变更工程价款报告后在合同约定的时间内予以批复，如在合同约定时间内，项目部无正当理由不批复时，视为变更工程价款报告已被接受。

6 如项目部不同意项目分包人提出的变更价款，则依据合同中关于争议的约定处理。

7 在项目部签发施工变更单之前，项目分包人不得实施施工变更。

8 经项目部确认增加的施工变更价款作为追加合同价款，与工程款同期支付。

9 施工组要加强施工变更的文档管理。所有的施工变更都要有书面文件和记录，并由相关方代表签字。

第8章　项目试运行管理

8.1　一 般 规 定

8.1.1　项目部应依据合同约定进行项目试运行管理和服务。

[详解]

1　项目部在试运行阶段中的责任和义务，是依据合同约定的范围与目标向项目发包人提供试运行过程的指导和服务。对交钥匙工程，项目承包人依据合同约定对试运行负责。

2　项目部的试运行管理包括项目初始阶段的试运行策划（编制试运行执行计划），设计阶段的设计图纸审查，提出试运行要求，进行风险分析，编制试运行文件、人员培训、试运行过程指导与服务等工作。

8.1.2　项目试运行管理由试运行经理负责，并适时组建试运行组。在试运行管理和服务过程中，试运行经理应接受项目经理和工程总承包企业试运行管理部门的管理。

[详解]

1　试运行工作一般由项目发包人负责组织实施，项目部负责试运行技术指导服务。

2　工程总承包项目经理下设试运行经理，试运行经理负责项目的试运行管理工作，组织编制试运行准备工作计划和试运行方案，组织试运行人员按照计划进入工程现场，指导现场试运行工作，并监督岗位操作。

3　现场试运行组各岗位主要人员职责如下：

（1）试运行经理

根据合同要求，执行项目试运行执行计划，组织实施项目试运行管理和服务。

具体工作如下：

1）协助项目经理做好设计、采购、施工和试运行的接口管理，开展技术服务工作，组织解决试运行和合同目标验收中的重大问题。

2）组织编制试运行执行计划，明确试运行目标、进度和试运行步骤；物资、技术和人员的准备（包括人员配备、分工及职责，指挥系统，技术资料及规章制度，试运行所需原料、燃料、水、电和气等用量与平衡），三废处理，防火与安全防护措施；试运行费用计划、进度计划、培训计划、实施试运行管理和服务等。

（2）试运行工程师

协助项目发包人编制试运行准备计划及试运行方案，在试运行各阶段负责指导和督促执行试运行方案、操作手册和安全规程，并监护岗位操作。

（3）设计人员

协助试运行经理会同专利商代表、项目分包人解决试运行中的设计技术问题。

（4）采购人员

协助项目试运行经理会同制造厂商代表解决设备、材料质量及技术问题。

（5）施工人员

协助试运行经理处理解决试运行阶段中存在的施工问题。

8.1.3 依据合同约定，试运行管理内容可包括试运行执行计划的编制、试运行准备、人员培训、试运行过程指导与服务等。

［详解］

1 试运行的准备工作包括：人力、机具、物资、能源、组织系统、许可证、安全、职业健康和环境保护，以及文件资料等的准备。试运行需要准备的资料包括：操作手册、维修手册和安全手册等，项目发包人委托事项及存在问题说明。

2 试运行工作的指导原则是：严格遵循试运行程序、循序渐进；保证试运行质量，达到合同和设计标准。

3 试运行是项目实施目标的检验阶段，工作内容涉及诸多方面，责任和协调关系比较复杂，除合同另有规定外，一般由项目发包人主持和指挥，项目承包人负责指导和服务。

4 试运行与设计、采购和施工的接口关系

（1）在试运行与设计的接口关系中，对下列主要内容的接口实施重点控制：

1）试运行对设计提出的要求；

2）设计提交试运行操作原则和要求；

3）设计对试运行的指导与服务，以及在试运行过程中发现有关设计问题的处理对试运行进度的影响。

（2）在试运行与采购的接口关系中，对下列主要内容的接口实施重点控制：

1）试运行所需材料及备件的确认；

2）试运行过程中发现的与设备、材料质量有关问题的处理对试运行进度的影响。

（3）在试运行与施工的接口关系中，对下列主要内容的接口实施重点控制：

1）施工执行计划与试运行执行计划不协调时对进度的影响；

2）试运行过程中发现的施工问题的处理对进度的影响。

8.2 试运行执行计划

8.2.1 试运行执行计划应由试运行经理负责组织编制，经项目经理批准、项目发包人确认后组织实施。

［详解］

1 在项目初始阶段，试运行经理需根据合同和项目计划，组织编制试运行执行计划。

2　试运行执行计划要与施工及辅助配套设施试运行相协调。

3　试运行执行计划是试运行工作的主要依据，是项目承包人对项目发包人进行技术指导的重要文件。

4　试运行执行计划编制的依据是项目计划和项目总进度计划。

5　项目承包人和项目发包人在试运行工作中的分工，要在试运行执行计划中明确规定。

8.2.2　试运行执行计划应包括下列主要内容：

1　总体说明；

2　组织机构；

3　进度计划；

4　资源计划；

5　费用计划；

6　培训计划；

7　考核计划；

8　质量、安全、职业健康和环境保护要求；

9　试运行文件编制要求；

10　试运行准备工作要求；

11　项目发包人和相关方的责任分工等。

[详解]

1　总体说明：包括项目概况、编制依据、原则、试运行的目标、进度和试运行步骤，对可能影响试运行执行计划的问题提出解决方案；

2　组织机构：提出参加试运行的相关单位，明确各单位的职责范围，提出试运行组织指挥系统，明确各岗位的职责和分工；

3　进度计划：试运行进度表；

4　资源计划：包括人员、机具、材料、能源配备及应急设施和装备等计划；

5　费用计划：包括试运行费用计划的编制和使用原则，按照计划中确定的试运行期限，试运行负荷，试运行产量，原材料、能源和人工消耗等计算试运行费用；

6　培训计划：包括培训范围、方式程序、时间和所需费用等；

7　考核计划：依据合同约定的时间对各项指标实施考核的方案；

8　质量、安全、职业健康和环境保护要求：按照国家现行有关法律法规和标准规范对试运行的质量、安全、职业健康和环境保护进行要求；

9　试运行文件编制要求：包括试运行需要的原材料、公用工程的落实计划，试运行及生产中必需的技术规定、安全规程和岗位责任制等规章制度的编制计划；

10　试运行准备工作要求：包括规章制度的编制、人力资源的准备、人员培训、技术准备、安全准备、物资准备、分析化验准备、维修准备、外部条件准备、资金准备和市场营销准备等；

11 项目发包人和相关方的责任分工：通常由项目发包人领导，组建统一指挥体系，明确各相关方的责任和义务。

8.2.3 试运行执行计划应按项目特点，安排试运行工作内容、程序和周期。

[详解]

为确保试运行执行计划正常实施和目标任务的实现，项目部及试运行经理明确试运行的输入要求（包括对施工安装达到竣工标准和要求，并认真检查实施绩效）和满足输出要求（为满足稳定生产或满足使用，提供合格的生产考核指标记录和现场证据），使试运行成为正式投入生产或投入使用的前提和基础。

8.2.4 培训计划应依据合同约定和项目特点编制，经项目发包人批准后实施，培训计划宜包括下列主要内容：

1 培训目标；

2 培训岗位；

3 培训人员、时间安排；

4 培训与考核方式；

5 培训地点；

6 培训设备；

7 培训费用；

8 培训内容及教材等。

8.2.5 考核计划应依据合同约定的目标、考核内容和项目特点进行编制，考核计划应包括下列主要内容：

1 考核项目名称；

2 考核指标；

3 责任分工；

4 考核方式；

5 手段及方法；

6 考核时间；

7 检测或测量；

8 化验仪器设备及工机具；

9 考核结果评价及确认等。

8.3 试运行实施

8.3.1 试运行经理应依据合同约定，负责组织或协助项目发包人编制试运行方案。试运行方案宜包括下列主要内容：

1 工程概况；

2 编制依据和原则；

3 目标与采用标准；

4　试运行应具备的条件；

5　组织指挥系统；

6　试运行进度安排；

7　试运行资源配置；

8　环境保护设施投运安排；

9　安全及职业健康要求；

10　试运行预计的技术难点和采取的应对措施等。

[详解]

1　试运行方案的编制按照下列原则：

（1）编制试运行总体方案，包括生产主体、配套和辅助系统以及阶段性试运行安排；

（2）按照实际情况进行综合协调，合理安排配套和辅助系统先行或同步投运，以保证主体试运行的连续性和稳定性；

（3）按照实际情况统筹安排，为保证计划目标的实现，及时提出解决问题的措施和办法；

（4）对采用第三方技术或邀请示范操作团队时，事先征求专利商或示范操作团队的意见并形成书面文件，指导试运行工作正常进展。

2　环境保护设施投运安排和安全及职业健康要求都需包括对应急预案的要求。

8.3.2　项目部应配合项目发包人进行试运行前的准备工作，确保按设计文件及相关标准完成生产系统、配套系统和辅助系统的施工安装及调试工作。

[详解]

1　试运行准备工作，包括项目部试运行服务的准备工作和项目发包人为实施试运行所做的准备工作。

2　项目部试运行服务的准备工作，包括提供设计文件、试运行执行计划、培训计划、操作手册和项目部试运行服务人员的动员等。

3　项目发包人试运行准备工作，包括编制规章制度、人力资源准备、人员培训、技术准备、安全准备、物资准备、维修准备、外部条件准备和资金准备等。

4　项目部为项目发包人试运行准备工作提供指导和服务，并协同项目发包人做好上述各项准备工作。

8.3.3　试运行经理应按试运行执行计划和方案的要求落实相关的技术、人员和物资。

[详解]

1　技术落实包括编制操作手册、维修手册、分析化验手册和安全手册等。

2　人力资源落实包括项目发包人和项目承包人为实施试运行服务提供的人力资源。

3　物资落实主要由项目发包人负责，项目承包人依据合同约定协助进行检查并提出建议。

8.3.4　试运行经理应组织检查影响合同目标考核达标存在的问题，并落实解决措施。

[详解]

1 试运行经理组织检查生产考核是否具备下列条件：

（1）工程能安全、连续、稳定运转，达到设计要求，或达到了使用功能的基本要求；

（2）考核方案已经得到确认；

（3）检查确认设备、仪器和仪表等已符合合同考核要求。

2 当检查发现存在影响合同目标考核的问题时，试运行经理要组织相关人员分析原因，提出解决问题的措施。

8.3.5 合同目标考核的时间和周期应依据合同约定和考核计划执行。考核期内，全部保证值达标时，合同双方代表应分项或统一签署合同目标考核合格证书。

[详解]

1 合同目标考核时间和周期

（1）合同目标考核的时间和周期依据合同约定和考核计划执行。

（2）考核的前提条件，包括已生产出合格产品（或不影响使用），对暴露出的问题已经整改完毕。

2 合同目标考核结果的比较和评价

依据合同约定的时间和周期，开始连续满负荷运行考核，做好运行中的检验和记录。考核结束后，对考核结果与履约保证指标进行比较和评价。

8.3.6 依据合同约定，培训服务的内容可包括生产管理和操作人员的理论培训、模拟培训和实际操作培训。

[详解]

1 理论培训，针对项目特点，根据不同的岗位进行基础理论知识培训。

2 模拟培训，在施工后期的恰当时间进入现场，熟悉岗位，对操作和事故进行模拟演练培训。需要或有条件的可进行计算机模拟培训。其中维修人员从设备、设施安装阶段开始进入现场实习和培训。

3 实际操作培训，安排生产管理和操作人员到同类或类似企业进行生产管理培训和跟班操作培训，掌握实际操作和事故处理经验。

4 必要时开展试运行应急演练。

第9章　项目风险管理

9.1　一般规定

9.1.1　工程总承包企业应制定风险管理规定，明确风险管理职责与要求。

[详解]

工程总承包企业要制定风险管理规定，明确风险管理职责与要求，并对工程总承包项目的风险进行规范化管理。

（1）对工程总承包企业建立风险管理体系提出要求。

（2）证实工程总承包企业有能力保证项目全过程的风险都在可控范围。

（3）规范工程总承包项目的风险管理。

（4）为工程总承包项目风险管理提供全方位的支持。

9.1.2　项目部应编制项目风险管理程序，明确项目风险管理职责，负责项目风险管理的组织与协调。

[详解]

项目部在项目经理领导下，依据工程总承包合同性质、项目规模和特点、项目风险状况以及工程总承包企业风险管理规定与要求，编制项目风险管理程序，建立项目风险管理组织机构，明确各岗位风险管理职责与要求，并对项目全过程的风险管理进行统一组织、协调。

9.1.3　项目部应制定项目风险管理计划，确定项目风险管理目标。

[详解]

1　项目风险管理计划是项目整体计划的重要组成部分，通常在项目策划阶段由项目经理组织编制。项目风险管理计划包括下列主要内容：

（1）确定项目风险管理的目标、范围、组织、职责与权限、负责人；

（2）项目特点与风险环境的分析；

（3）项目风险识别与风险分析的方法、工具；

（4）项目风险的应对策略；

（5）项目风险可接受标准的定义；

（6）项目风险管理所需资源和费用估算；

（7）有关项目风险跟踪记录的要求。

2　项目风险管理目标与项目总目标息息相关，通过项目全过程的风险识别与管控，以最小的成本保证项目质量、安全、费用、进度、职业健康和环境保护等目标的实现。

9.1.4 项目风险管理应贯穿于项目实施全过程，宜分阶段进行动态管理。

[详解]

1 项目风险存在于项目的各阶段、各实施过程，不同阶段、不同过程项目风险的种类、影响程度和应对策略等不尽相同，随着时间的推移和项目实施的进程，项目风险产生的环境与条件都会发生一定的变化，要用动态管理的思维，按照项目实施的不同阶段，将项目风险管理贯穿于项目实施全过程。

2 按照项目实施的不同阶段，编制项目风险登记册，在项目风险登记册中记录项目各阶段所辨识的风险、采取的风险应对措施以及对下步风险管理工作要关注的重点等内容进行动态管理。

9.1.5 项目风险管理宜采用适用的方法和工具。

[详解]

目前有大量的、行之有效的关于项目风险识别、风险分析、风险评估到风险控制的方法和工具，项目部可依据项目特点、环境、条件以及项目风险管理目标选用适宜的方法和工具，如安全检查表法、专家诊断法和类比分析法等。

9.1.6 工程总承包企业通过汇总已发生的项目风险事件，可建立并完善项目风险数据库和项目风险损失事件库。

[详解]

1 工程总承包企业风险管理水平与企业项目风险数据库和项目风险损失事件库等的风险管理基础数据库密切相关。

2 工程总承包企业可以通过相关规定和要求，搜集、汇总各个项目实际发生的项目风险事件，包括成因、处置过程、风险管控使用的方法和工具以及结果等，不断完善风险管理基础数据库，切实提高企业风险管理水平。

9.2 风 险 识 别

9.2.1 项目部应在项目策划的基础上，依据合同约定对设计、采购、施工和试运行阶段的风险进行识别，形成项目风险识别清单，输出项目风险识别结果。

[详解]

项目风险识别结果通常体现在风险登记册中。

9.2.2 项目风险识别过程宜包括下列主要内容：

1 识别项目风险；

2 对项目风险进行分类；

3 输出项目风险识别结果。

[详解]

1 项目风险识别一般采用专家调查法、初始清单法、风险调查法、经验数据法和图解法等方法。

2　根据项目风险管理计划中确定的风险可接受标准来进行风险分类。

3　以项目风险识别清单的形式输出项目风险识别结果。

9.3　风 险 评 估

9.3.1　项目部应在项目风险识别的基础上进行项目风险评估，并应输出评估结果。

[详解]

　　项目风险评估包括定性风险分析和定量风险分析，输出的评估结果体现在经过重新排序的风险登记册中。

9.3.2　项目风险评估过程宜包括下列主要内容：

1　收集项目风险背景信息；

2　确定项目风险评估标准；

3　分析项目风险发生的几率和原因，推测产生的后果；

4　采用适用的风险评价方法确定项目整体风险水平；

5　采用适用的风险评价工具分析项目各风险之间的相互关系，确定项目重大风险；

6　对项目风险进行对比和排序；

7　输出项目风险的评估结果。

[详解]

1　项目风险评估一般采用调查和专家打分法、层次分析法、模糊数学法、统计和概率法、敏感性分析法、故障树分析法、蒙特卡洛模拟分析和影响图法等方法。

2　项目风险评估标准包含项目风险管理计划中所确定的项目风险可接受标准。

9.4　风 险 控 制

9.4.1　项目部应根据项目风险识别和评估结果，制定项目风险应对措施或专项方案。对项目重大风险应制定应急预案。

[详解]

1　项目风险的应对一般采取控制和削减措施，包括技术、管理、法律和财务等措施。

2　项目特殊风险要制定专项方案，重大风险还要制定应急预案。

9.4.2　项目风险控制过程宜包括下列主要内容：

1　确定项目风险控制指标；

2　选择适用的风险控制方法和工具；

3　对风险进行动态监测，并更新风险防范级别；

4　识别和评估新的风险，提出应对措施和方法；

5　风险预警；

73

    6 组织实施应对措施、专项方案或应急预案；

    7 评估和统计风险损失。

[详解]

    1 项目风险控制一般采用审核检查法、费用偏差分析法和风险图表表示法等方法。

    2 项目风险控制的过程及最终结果要体现在项目风险登记册中。

9.4.3 项目部应对项目风险管理实施动态跟踪和监控。

[详解]

    项目风险跟踪和监控包括下列主要内容：

    (1) 风险管理计划与风险应对措施是否已经按照计划实施，即监控风险管理计划的执行情况；

    (2) 风险评估假设前提、适用范围等是否依然有效，即监控风险评估原则与假设前提的有效性；

    (3) 风险应对措施是否达到预期效果，或是否需要制定新的应对方案，即监控应对措施的有效性，确定风险控制在可接受范围内；

    (4) 风险是否发生了变化，并做出"趋势"分析，即监控风险的变化与发展趋势；

    (5) 某一风险征兆是否已经发生，即风险预警；

    (6) 适当的对策和程序是否得到遵从，即监控风险应对的实施；

    (7) 先前未曾识别出来的风险是否已经发生或出现，即监控是否有新的风险（超出风险清单的新的风险，或处理风险过程中出现的次生风险）出现。

9.4.4 项目部应对项目风险控制效果进行评估和持续改进。

第10章 项目进度管理

10.1 一般规定

10.1.1 项目部应建立项目进度管理体系，按合理交叉、相互协调、资源优化的原则，对项目进度进行控制管理。

[详解]

1 项目进度管理体系是以项目经理为责任主体的，由项目控制经理、设计经理、采购经理、施工经理、试运行经理及各层次的项目进度控制人员参加的项目进度管理组织系统。项目的日常进度管理工作由项目进度控制工程师负责。

2 项目部在进度管理过程中，要将项目的组织系统和管理程序有机结合。

10.1.2 项目部应对进度控制、费用控制和质量控制等进行协调管理。

[详解]

项目部在满足项目合同以及国家现行有关法律法规所规定质量、安全、职业健康和环境保护等要求的前提下，按照合理交叉、相互协调、资源优化的原则，通过检查、比较、分析和纠偏等方法和措施，对项目进度和费用进行统筹控制。

10.1.3 项目进度管理应按项目工作分解结构逐级管理。项目进度控制宜采用赢得值管理、网络计划和信息技术。

[详解]

1 赢得值管理技术在项目进度管理中的运用，主要是控制进度偏差和时间偏差。网络计划技术在进度管理中的运用主要是关键线路法。用控制关键活动，分析总时差和自由时差来控制进度。用控制基本活动的进度来达到控制整个项目的进度。

2 项目基本活动的进度控制采用赢得值管理技术和工程网络计划技术。项目部利用工程网络计划技术编制项目的进度计划，并通过赢得值管理技术对项目的进度通过计划、检查、比较、分析和纠偏等方法和措施进行动态控制。

3 项目进度管理要按照项目工作分解结构逐级管理，项目部要通过控制项目的最基本活动的进度来达到控制整个项目的进度，如通过设计文件清单将设计进度控制到设计图纸，通过采购工作包计划将采购工作进度控制到采购工作包，通过施工作业计划将施工进度控制到施工作业工作包等。为避免工作管理漏项或多头管理，项目工作分解结构（WBS）要与项目组织分解结构（OBS）对应，将项目的每一项工作都落实到具体的责任人或作业组上。

4 工作分解结构，它归纳和定义项目的整个工作范围。WBS将项目工作分解成更小、更便于管理的工作单元。WBS 每向下分解一个层次就代表对项目工作的进一步详细定义。位于 WBS 最低层次的工作任务单元叫作工作包或工作项，可以对其进行进度计划、成本估算、监管和控制。

5　依据合同约定，对整个项目所涵盖的工作进行分解细化，并做到不漏、不重。对分解下来的每个部分进行管理。

10.2　进 度 计 划

10.2.1　项目进度计划应按合同要求的工作范围和进度目标，制定工作分解结构并编制进度计划。

[详解]

1　工作分解结构（WBS）是一种层次化的树状结构，是将项目划分为可以管理的项目工作任务单元。

2　项目的工作分解结构一般分为以下层次：项目、单项工程、单位工程、组码、记账码和单元活动。通常按各层次制定进度计划。

3　项目的进度计划依据合同约定的进度目标和工作分解结构分为若干层级，按照上一级计划控制下一级计划，下一级计划深化分解上一级计划的原则制定各级进度计划。

通常的进度计划层级：

一级计划：里程碑计划

项目管理级计划。用于控制项目总体进度。包含项目开始、完成时间，设计开始、完成时间，采购开始、完成时间，施工开始、完成时间，试运行开始、试运行结束、开车开始、完成时间，以及过程中重要节点的进度时间（如：项目开工会或开球会、机械竣工等），是编制二级计划的基础和依据。由项目经理召集控制经理、设计经理、采购经理、施工经理和试运行经理，按照项目合同要求编制，并报项目发包人批准后发表。此计划在项目合同谈判阶段完成。

二级计划：项目总进度计划

项目控制级计划。用以控制工程设计、采购、施工和试运行过程中的主要控制点。由项目进度控制工程师在项目经理和控制经理的领导下，组织相关部门讨论后，完成编制，经项目经理批准后发表。

设计主要控制点一般包括：关键设计文件发表、长周期设备及关键设备材料请购文件发表等时间节点。

采购主要控制点一般包括：长周期设备及关键设备材料合同签订、厂商资料返回、设备到场和材料到场等时间节点。

施工主要控制点一般包括：施工分包合同签订、土建施工、设备安装、管道安装、电气安装、仪表安装、水暖安装、系统吹扫试压和单机试车等时间节点。

试运行主要控制点一般包括：试运行分包合同签订、培训和试运行资源到位等时间节点。

三级计划：详细控制计划

三级计划用以详细控制设计、采购、施工和试运行过程中的控制点。按照进度管理相关程序完成审批并发表。

设计详细控制点包含各专业之间的逻辑关系，主要的条件发表、成品文件发表及外部设计输入条件（项目发包人的设计输入、专利商的 PDP&BDP 和设备的厂商资料返回时间等）。

采购主要控制点一般包括：厂商询价名单批准、询价文件发表、报价收齐、评审完成、合同签订、厂商资料返回及评审和设备材料到货等。

施工主要控制点一般包括：建（构）筑物基础施工、设备基础施工、地下管道施工、上部结构施工、大型设备安装、一般设备安装、管道安装、电气安装、装置送电、仪表安装、DCS 调试、给排水、采暖通风、装饰装修和道路施工等。

四级计划：详细作业计划

10.2.2 项目进度计划文件应包括进度计划图表和编制说明。

[详解]

1 进度计划不仅是单纯的进度安排，还载有资源。根据执行计划所消耗的各类资源预算值，按照每项具体任务的工作周期展开并进行资源分配。进度计划编制说明中风险分析包括经济风险、技术风险、环境风险和社会风险等。控制措施包括组织措施、经济措施和技术措施。

2 项目进度计划文件包括下列主要内容：

（1）进度计划图表。可选择采用单代号网络图、双代号网络图、时标网络计划和隐含有活动逻辑关系的横道图。进度计划图表中宜包括测量基准、计划进度基准曲线及资源配置。

（2）进度计划编制说明。包括进度计划编制依据、计划目标、关键线路说明、资源要求、外部约束条件、风险分析和控制措施。

3 运用工程网络计划技术通常采用 Project、P6 等项目管理软件。

10.2.3 项目总进度计划应依据合同约定的工作范围和进度目标进行编制。项目分进度计划在总进度计划的约束条件下，根据细分的活动内容、活动逻辑关系和资源条件进行编制。

[详解]

1 项目总进度计划包括下列主要内容：

（1）表示各单项工程的周期，以及最早开始时间，最早完成时间，最迟开始时间和最迟完成时间，并表示各单项工程之间的衔接；

（2）表示主要单项工程设计进度的最早开始时间和最早完成时间，以及初步设计或基础工程设计完成时间；

（3）表示关键设备、材料的采购进度计划，以及关键设备、材料运抵现场时间。关键设备、材料主要是指供货周期长和贵重材质的设备和材料；

（4）表示各单项工程施工的最早开始时间和最早完成时间，以及主要单项施工分包工程的计划招标时间；

（5）表示各单项工程试运行时间，以及供电、供水、供汽和供气时间，包括外部供给时间和内部单项（公用）工程向其他单项工程供给时间。

2 项目分进度计划是指项目总进度下的各级进度计划。

10.2.4 项目分进度计划应在控制经理协调下，由设计经理、采购经理、施工经理和试运行经理组织编制，并由项目经理审批。

[详解]

1 项目分进度计划要在总进度计划的约束条件下，根据细分的活动内容、活动逻辑关系和资源条件进行编制。在项目分进度计划的编制过程中，在合理分配项目资源的前提下注意各项活动的依赖关系，以便最大限度地合理利用项目资源。

2 项目经理审查包括下列主要内容：

（1）合同中规定的目标和主要控制点是否明确；

（2）项目工作分解结构是否完整并符合项目范围要求；

（3）设计、采购、施工和试运行之间交叉作业是否合理；

（4）进度计划与外部条件是否衔接；

（5）对风险因素的影响是否有防范对策和应对措施；

（6）进度计划提出的资源要求是否能满足；

（7）进度计划与质量、安全和费用计划等是否协调。

10.3 进度控制

10.3.1 项目实施过程中，项目控制人员应对进度实施情况进行跟踪、数据采集，并应根据进度计划，优化资源配置，采用检查、比较、分析和纠偏等方法和措施，对计划进行动态控制。

[详解]

为保证项目进度目标的完成，在进度计划实施过程中由项目进度控制人员跟踪检查，监督进度数据的采集、及时发现进度偏差并分析产生偏差原因。当活动拖延影响计划工期时，及时向项目经理做出书面报告，并进行调控。

10.3.2 进度控制应按检查、比较、分析和纠偏的步骤进行，并应符合下列规定：

1 应对工程项目进度执行情况进行跟踪和检测，采集相关数据；

2 应对进度计划实际值与基准值进行比较，发现进度偏差；

3 应对比较的结果进行分析，确定偏差幅度、偏差产生的原因及对项目进度目标的影响程度；

4 应根据工程的具体情况和偏差分析结果，预测整个项目的进度发展趋势，对可能的进度延迟进行预警，提出纠偏建议，采取适当的措施，使进度控制在允许的偏差范围内。

10.3.3　进度偏差分析应按下列程序进行：

1　采用赢得值管理技术分析进度偏差；

2　运用网络计划技术分析进度偏差对进度的影响，并应关注关键路径上各项活动的时间偏差。

[详解]

1　进度偏差运用赢得值管理技术分析，直观性强，简单明了，但它不能确定进度计划中的关键线路，因此不能用赢得值管理技术取代网络计划分析。

2　在活动滞后时间预测可能影响进度时，运用网络计划中的关键活动、自由时差和总时差来分析对进度的影响。

3　进度计划工期的控制原则如下：

（1）在计划工期等于合同工期时，进度计划的控制符合下列规定：

1）在关键线路上的活动出现拖延时，调整相关活动的持续时间或相关活动之间的逻辑关系，使调整后的计划工期为原计划工期；

2）在活动拖延时间小于或等于自由时差时，计划工期可不作调整；

3）在活动拖延时间大于自由时差，但不影响计划工期时，根据后续工作的特性进行处理。

（2）在计划工期小于合同工期时，若需要延长计划工期，不得超过合同工期。

（3）在活动超前完成影响后续工作的设备材料、资金和人力等资源的合理安排时，需消除影响或放慢进度。

10.3.4　项目部应定期发布项目进度执行报告。

[详解]

项目进度执行报告包含当前进度和产生偏差的原因，并提出纠正措施。

10.3.5　项目部应按合同变更程序进行计划工期的变更管理，根据合同变更的内容和对计划工期、费用的要求，预测计划工期的变更对质量、安全、职业健康和环境保护等的影响，并实施和控制。

[详解]

变更涉及资源的重新配置，可能对质量、安全、职业健康和环境保护等产生影响，因此在进行项目计划工期变更时要对资源的配置及对质量、安全、职业健康和环境保护等的影响进行评估。

10.3.6　当项目活动进度拖延时，项目计划工期的变更应符合下列规定：

1　该项活动负责人应提出活动推迟的时间和推迟原因的报告；

2　项目进度管理人员应系统分析该活动进度的推迟对计划工期的影响；

3　项目进度管理人员应向项目经理报告处理意见，并转发给费用管理人员和质量管理人员；

4　项目经理应综合各方面意见作出修改计划工期的决定；

5　修改的计划工期大于合同工期时，应报项目发包人确认并按合同变更处理。

10.3.7　项目部应根据项目进度计划对设计、采购、施工和试运行之间的接口关系进行重点监控。

[详解]

1 在设计与采购的接口关系中，对下列主要内容的接口进度实施重点控制：

(1) 设计向采购提交请购文件；

(2) 设计对报价的技术评审；

(3) 采购向设计提交订货的关键设备资料；

(4) 设计对制造厂图纸的审查、确认和返回；

(5) 设计变更对采购进度的影响。

2 在设计与施工的接口关系中，对下列主要内容的接口进度实施重点控制：

(1) 施工对设计的可施工性分析；

(2) 设计文件交付；

(3) 设计交底或图纸会审；

(4) 设计变更对施工进度的影响。

3 在设计与试运行的接口关系中，对下列主要内容的接口进度实施重点控制：

(1) 试运行对设计提出试运行要求；

(2) 设计提交试运行操作原则和要求；

(3) 设计对试运行的指导与服务，以及在试运行过程中发现有关设计问题的处理对试运行进度的影响。

4 在采购与施工的接口关系中，对下列主要内容的接口进度实施重点控制：

(1) 所有设备、材料运抵现场；

(2) 现场的开箱检验；

(3) 施工过程中发现与设备、材料质量有关问题的处理对施工进度的影响；

(4) 采购变更对施工进度的影响。

5 在采购与试运行的接口关系中，对下列主要内容的接口进度实施重点控制：

(1) 试运行所需材料及备件的确认；

(2) 试运行过程中发现的与设备、材料质量有关问题的处理对试运行进度的影响。

6 在施工与试运行的接口关系中，对下列主要内容的接口进度实施重点控制：

(1) 施工执行计划与试运行执行计划不协调时对进度的影响；

(2) 试运行过程中发现的施工问题的处理对进度的影响。

10.3.8 项目部应根据项目进度计划对分包工程项目进度进行控制。

[详解]

1 项目分包人依据合同约定，定期向项目部报告分包工程的进度。

2 项目部要将分包工程的进度计划纳入项目进度计划中进行控制。

第 11 章　项目质量管理

11.1　一般规定

11.1.1　工程总承包企业应按质量管理体系要求，规范工程总承包项目的质量管理。

[详解]

　　工程总承包企业要建立覆盖设计、采购、施工和试运行全过程的质量管理体系。

11.1.2　项目质量管理应贯穿项目管理的全过程，按策划、实施、检查、处置循环的工作方法进行全过程的质量控制。

[详解]

　　1　项目质量管理是项目管理的一个重要组成部分，与项目的其他管理领域一样，也需要经过策划、实施、控制与改进过程来实现。项目质量管理包括为保证项目满足既定要求所进行的所有过程和活动，这些活动是通过质量策划、质量控制、质量保证和质量改进等手段加以实施。项目质量管理自始至终贯穿于项目全过程的管理之中，按照策划、实施、检查、处置的循环过程对项目进行控制。在项目策划阶段制定目标和计划，在实施阶段按照计划实施，并随时将实际情况与目标或计划进行对比和检查，出现偏差时，及时分析并调整，使项目始终按照既定的程序实施，直至达到项目的目标。

　　2　PDCA循环科学的工作方法，适用于所有过程及各项改进活动，分为四个阶段：

　　（1）P—（Plan）策划，根据顾客的要求和组织的方针，为提供预期结果建立必要的目标、过程和计划；

　　（2）D—（Do）实施，按照策划的要求实施；

　　（3）C—（Check）检查，根据方针、目标和产品要求，对过程和产品进行监视和测量，并报告结果；

　　（4）A—（Action）处置，采取措施，以持续改进产品和过程绩效。

11.1.3　项目部应设专职质量管理人员，负责项目的质量管理工作。

[详解]

　　1　质量管理人员（包括质量经理、质量工程师）在项目经理领导下，负责质量计划的制定和监督检查质量计划的实施。项目部建立质量责任制和考核办法，明确所有人员的质量管理职责。

　　2　项目质量管理各岗位职责：

．（1）质量经理

协助项目经理和相关部门，负责组织建立项目质量管理体系，并保证有效运行。

（2）质量工程师

协助质量经理，编制项目质量计划，对质量计划的执行情况进行检查、监控和追踪验证。收集和整理项目质量信息反馈，编写项目质量报告。

11.1.4　项目质量管理应按下列程序进行：

1　明确项目质量目标；

2　建立项目质量管理体系；

3　实施项目质量管理体系；

4　监督检查项目质量管理体系的实施情况；

5　收集、分析和反馈质量信息，并制定纠正措施。

［详解］

1　项目质量目标就是项目质量管理活动要达到的目的，体现在项目的整个生命周期之中。在项目策划阶段要做好质量策划，通过项目质量策划制定项目质量目标和实现目标的途径，并配置所需资源。项目质量目标要满足项目合同的质量目标、工程总承包企业的质量目标，符合国家现行有关法律法规要求。

2　项目质量管理程序要体现PDCA循环过程。

11.2　质量计划

11.2.1　项目策划过程中应由质量经理负责组织编制质量计划，经项目经理批准发布。

［详解］

1　项目质量计划是根据项目的特点、合同和项目发包人的要求，编制的质量措施、资源和活动顺序的项目管理文件。项目质量计划作为质量策划的结果，是指导和规范项目质量管理活动的具体要求；是有效防范项目质量风险的手段和措施；是对外质量保证和对内质量控制的依据。

2　项目质量计划在执行过程中如有修订，要经质量经理审核，项目经理批准。

11.2.2　项目质量计划应体现从资源投入到完成工程交付的全过程质量管理与控制要求。

11.2.3　项目质量计划的编制应根据下列主要内容：

1　合同中规定的产品质量特性、产品须达到的各项指标及其验收标准和其他质量要求；

2　项目实施计划；

3　相关的法律法规、技术标准；

4　工程总承包企业质量管理体系文件及其要求。

11.2.4　项目质量计划应包括下列主要内容：

1　项目的质量目标、指标和要求；

2　项目的质量管理组织与职责；

3　项目质量管理所需要的过程、文件和资源；

4　实施项目质量目标和要求采取的措施。

[详解]

1　所需的文件包括项目执行的标准规范和规程。

2　采取的措施包括项目所要求的评审、验证、确认监视、检验和试验活动。

3　项目质量计划的某些内容，可引用工程总承包企业质量体系文件的有关规定或在规定的基础上加以补充，但对本项目所特有的要求和过程的质量管理必须加以明确。

11.3　质　量　控　制

11.3.1　项目的质量控制应对项目所有输入的信息、要求和资源的有效性进行控制。

[详解]

项目部确定项目输入的控制程序或有关规定，并规定对输入的有效性评审的职责和要求，以及在项目部内部传递、使用和转换的程序。

11.3.2　项目部应根据项目质量计划对设计、采购、施工和试运行阶段接口的质量进行重点控制。

[详解]

项目部在设计、采购、施工和试运行接口关系中对质量实施重点监控。

（1）在设计与采购的接口关系中，对下列主要内容的质量实施重点控制：

1）请购文件的质量；

2）报价技术评审的结论；

3）供应商图纸的审查、确认。

（2）在设计与施工的接口关系中，对下列主要内容的质量实施重点控制：

1）施工向设计提出要求与可施工性分析的协调一致性；

2）设计交底或图纸会审的组织与成效；

3）现场提出的有关设计问题的处理对施工质量的影响；

4）设计变更对施工质量的影响。

（3）在设计与试运行的接口关系中，对下列主要内容的质量实施重点控制：

1）设计满足试运行的要求；

2）试运行操作原则与要求的质量；

3）设计对试运行的指导与服务的质量。

（4）在采购与施工的接口关系中，对下列主要内容的质量实施重点控制：

1）所有设备、材料运抵现场的进度与状况对施工质量的影响；

2）现场开箱检验的组织与成效；

3）与设备、材料质量有关问题的处理对施工质量的影响。

（5）在采购与试运行的接口关系中，对下列主要内容的质量实施重点控制：

1）试运行所需材料及备件的确认；

2）试运行过程中出现的与设备、材料质量有关问题的处理对试运行结果的影响。

（6）在施工与试运行的接口关系中，对下列主要内容的质量实施重点控制：

1）施工执行计划与试运行执行计划的协调一致性；

2）机械设备的试运转及缺陷修复的质量；

3）试运行过程中出现的施工问题的处理对试运行结果的影响。

11.3.3 项目质量经理应负责组织检查、监督、考核和评价项目质量计划的执行情况，验证实施效果并形成报告。对出现的问题、缺陷或不合格，应召开质量分析会，并制定整改措施。

[详解]

1 没有设置质量经理的项目部，质量经理的工作由项目质量工程师完成。

2 "不合格"指产品质量的不合格品，"不符合"指管理体系运行的不符合项。

3 不合格品的控制符合下列规定：

（1）对验证中发现的不合格品，按照不合格品控制程序规定进行标识、记录、评价、隔离和处置，防止非预期的使用或交付；

（2）不合格品处置结果需传递到有关部门，其责任部门需进行不合格原因的分析，制定纠正措施，防止今后产生同样或同类的不合格品；

（3）采取的纠正措施经验证效果不佳或未完全达到预期的效果时，需重新分析原因，进行下一轮计划、实施、检查和处理。

11.3.4 项目部按规定应对项目实施过程中形成的质量记录进行标识、收集、保存和归档。

[详解]

质量记录包括：评审记录和报告、验证记录、审核报告、检验报告、测试数据、鉴定（验收）报告、确认报告、校准报告、培训记录和质量成本报告等。

11.3.5 项目部应根据项目质量计划对分包工程项目质量进行控制。

[详解]

1 项目分包合同中要明确项目分包人所承担的质量职责。

2 指导和审查项目分包人质量计划并与项目质量计划保持一致。

3 审查项目分包人的施工准备和实施方案，确认其符合性。

4 组织对分包工程进行质量检验和验收。

5 组织对项目分包人进行质量管理检查。

6 项目分包人定期向项目部提交分包工程的质量报告。

7 组织项目分包人完成并提交质量记录和竣工文件，并对其质量进行评审。

11.4 质量改进

11.4.1 项目部人员应收集和反馈项目的各种质量信息。

[详解]

　　1　项目部从各种渠道收集项目的质量信息，如工程实体质量信息、项目质量管理信息等，收集的渠道包括项目质量记录、项目质量检查、项目部人员的报告与建议、项目发包人的意见和项目分包人的意见等。

　　2　项目部收集到的质量信息反馈给项目部的各责任部门。

　　3　项目部对质量信息的处理结果及时进行反馈。

11.4.2　项目部应定期对收集的质量信息进行数据分析；召开质量分析会议，找出影响工程质量的原因，采取纠正措施，定期评价其有效性，并反馈给工程总承包企业。

[详解]

　　1　数据分析一般提供下列有关信息：

　　(1)　项目发包人满意度；

　　(2)　与项目要求的符合性；

　　(3)　项目的实现过程、项目产品的特性及其趋势，包括采取纠正措施的机会；

　　(4)　各类供方提供产品和服务等业绩的信息。

　　2　对已经发现的各种不合格项，不能仅仅予以改正，更重要的是调查并分析出造成不合格的原因，针对原因采取相应的措施，消除造成不合格的因素，防止再出现类似的不合格。如经验证效果不佳或未完全达到预期的结果，则重新分析原因，开始新一轮 PDCA 循环。

　　3　数据分析过程中，一般采用的统计技术，如排列图、因果分析图、趋势图和控制图等。

11.4.3　工程总承包企业应依据合同约定对保修期或缺陷责任期内发生的质量问题提供保修服务。

11.4.4　工程总承包企业应收集并接受项目发包人意见，获取项目运行信息，应将回访和项目发包人满意度调查工作纳入企业的质量改进活动中。

第 12 章　项目费用管理

12.1　一般规定

12.1.1　工程总承包企业应建立项目费用管理系统以满足工程总承包管理的需要。

[详解]

项目费用管理系统一般包括工程建设项目费用估算、费用报价、费用分解、成本控制和工程结算等内容，覆盖项目全过程的费用管理工作。

12.1.2　项目部应设置费用估算和费用控制人员，负责编制工程总承包项目费用估算，制定费用计划和实施费用控制。

[详解]

1　费用估算和费用控制是两个不同的项目岗位。

2　费用估算人员负责项目各阶段的费用估算工作，包括变更费用的估算。

3　费用控制人员负责在成本预算目标确立后，对费用的监控工作，通过分析、对比、变更和调整等工作，保证项目的费用受控。

12.1.3　项目部应对费用控制与进度控制和质量控制等进行统筹决策、协调管理。

[详解]

费用控制与进度控制、质量控制相互协调，防止对费用偏差采取不当的应对措施，而对质量和进度产生影响，或引起项目在后期出现较大风险。

12.1.4　项目部可采用赢得值管理技术及相应的项目管理软件进行费用和进度综合管理。

12.2　费用估算

12.2.1　项目部应根据项目的进展编制不同深度的项目费用估算。

[详解]

1　估算是为完成项目所需的资源及其所需费用的估计过程。在项目实施过程中，通常应编制初期控制估算、批准的控制估算、首次核定估算和二次核定估算。

2　估算，国际惯例的理解与国内所使用的含义不同。国内项目费用估算分为可行性研究报告或项目建议书投资估算、初步设计概算和施工图预算。而且上述估算、概算、预算通常指整个项目的投资总额，包括项目发包人负担的其他费用，例如建设单位管理费、试运行费等。国际惯例项目实施各阶段的费用估算都使用估算，在估算前加定义词以示区别，例如报价估算、初期控制估算、批准的控制估算和核定估算等。

3　本规范所指的估算和预算，仅指合同项目范围内的费用，不包括项目发包人负担的其他费用。

4　国际上通用项目费用估算有下列几种：

（1）初期控制估算

初期控制估算是一种近似估算，在工艺设计初期采用分析估算法进行编制。在仅明确项目的规模、类型以及基本技术原则和要求等情况下，根据企业历年来按照统计学方法积累的工程数据、曲线、比值和图表等历史资料，对项目费用进行分析和估算，用作项目初期阶段费用控制的基准。

（2）批准的控制估算

批准的控制估算的偏差幅度比初期控制估算的偏差幅度要小，在基础工程设计初期，用设备估算法进行编制。编制的主要依据是以工程项目所发表的工艺设计文件中得到已确定的设备表、工艺流程图和工艺数据，基础工程设计中有关的设计规格说明书（技术规定）和材料一览表，以及根据企业积累的工程经验数据等，结合项目的实际情况进行选取和确定各种费用系数，主要用作基础工程设计阶段的费用控制基准。

（3）首次核定估算

此估算在基础工程设计完成时用设备详细估算法进行编制。首次核定估算偏差幅度比批准的控制估算的偏差幅度要小，用作详细工程设计阶段和施工阶段的费用控制基准。它依据的文件和资料是基础工程设计完成时发表的设计文件。由于文件深度原因，有的散装材料还需用系数估算有关费用。

首次核定估算的编制阶段与设计概算的编制阶段的设计条件比较接近，具体编制时可参照国内相关的初步设计概算编制规定。

（4）二次核定估算

此估算在详细工程设计完成时用详细估算法进行编制，主要用以分析和预测项目竣工时的最终费用，并可作为工程施工结算的基础。它与施工图预算的编制的设计条件比较接近。设备和材料的价格采用订单上的价格。二次核定估算是偏差幅度最小的估算。编制依据为：

　　1）工程详细设计图纸；

　　2）设备、材料订货资料以及项目实施中各种实际费用和财务资料；

　　3）企业定额；

　　4）国家相关计价规范。

12.2.2　编制项目费用估算的依据应包括下列主要内容：

1　项目合同；

2　工程设计文件；

3　工程总承包企业决策；

4　有关的估算基础资料；

5　有关法律文件和规定。

12.2.3 根据不同阶段的设计文件和技术资料，应采用相应的估算方法编制项目费用估算。

[详解]

费用估算方法包括分析估算法、设备系数法、工程量法和详细估算法四种。

（1）分析估算法主要在项目的前期阶段，根据项目规模和产能等指标，采用规模系数进行估算。

（2）设备系数法是指在已知设备费用的前提下，运用经验系数来推算其他各专业费用的方法。

（3）工程量法是指在基础设计完成后，在已知设备、管道和电仪等专业工程量的条件下，来计算各专业的费用的方法。

（4）详细估算法是指在详细设计完成后，根据各专业施工图纸的工程量，在套用预算定额后计算项目费用的方法。

12.3 费 用 计 划

12.3.1 项目费用计划应由控制经理组织编制，经项目经理批准后实施。

[详解]

1 项目费用计划是根据批准的项目估算额、工作分解结构和项目进度计划进行编制，作为费用控制的依据和执行的基准文件。

2 项目费用计划是指根据项目的计划进展、设备和材料费用以及施工费用的额度计算得出项目在未来各个时间阶段的费用需求，并以此需求而作出的费用收支安排。

12.3.2 项目费用计划编制的主要依据应为经批准的项目费用估算、工作分解结构和项目进度计划。

[详解]

项目费用计划的编制要按照时间和工作包（工作项）两个维度进行分解。

12.3.3 项目部应将批准的项目费用估算按项目进度计划分配到各个工作单元，形成项目费用预算，作为项目费用控制的基准。

[详解]

项目批准的费用估算要按照工作分解结构（WBS）进行编制，并分解到各个工作单元，形成各个单元的费用预算，作为费用控制的基准。

12.4 费 用 控 制

12.4.1 项目部应采用目标管理方法对项目实施期间的费用进行过程控制。

[详解]

1 费用控制是工程总承包项目费用管理的核心内容。工程总承包项目的费用控制不仅是对项目建设过程中发生费用的监控和对大量费用数据的收集，更重要的是对各类费用数据进行正确分析并及时采取有效措施，从而达到将项目最终发生的费用控制在预算范围之内。

2 费用控制人员在项目执行过程中要不断地将实际发生的费用、未来预计将要发生的费用与费用预算进行对比，监测费用的状态，出现偏差后要及时进行分析、对比和纠偏，从而确保项目的费用始终处于受控状态。

12.4.2 费用控制应根据项目费用计划、进度报告及工程变更，采用检查、比较、分析、纠偏等方法和措施，对费用进行动态控制，将费用控制在项目批准的预算以内。

[详解]

1 费用控制是一个动态的过程，是一个确立目标、动态跟踪、检查对比、分析纠偏和目标调整的过程，最终目的是将费用控制在批准的预算范围以内。

2 采用赢得值管理技术进行进度和费用综合管理。

3 预算是把批准的控制估算分配到记账码及单元活动或工作包，并按进度计划进行叠加，得出费用预算（基准）计划。

4 预算，国际惯例的理解与国内所使用的含义亦不相同。国内在施工图设计中使用预算；国际惯例通常是将经过批准的控制估算称为预算，且该预算是指按 WBS 进行分解和按进度进行分配了的控制估算。

12.4.3 费用控制应按检查、比较、分析和纠偏的步骤进行，并应符合下列规定：

1 应对工程项目费用执行情况进行跟踪和检测，采集相关数据；

2 应对已完工作的预算费用与实际费用进行比较，发现费用偏差；

3 应对比较的结果进行分析，确定偏差幅度、偏差产生的原因及对项目费用目标的影响程度；

4 应根据工程的具体情况和偏差分析结果，对整个项目竣工时的费用进行预测，对可能的超支进行预警，采取适当的措施，把费用偏差控制在允许的范围内。

[详解]

确定项目费用控制目标后，需定期（宜以每月为控制周期）对已完工作的预算费用与实际费用进行比较，实际值偏离预算值时，分析产生偏差的原因，采取适当的纠偏措施，以确保费用目标的实现。

12.4.4 项目部应按合同变更程序进行费用变更管理，根据合同变更的内容和对费用、进度的要求，预测费用变更对质量、安全、职业健康和环境保护等的影响，并进行实施和控制。

[详解]

1 项目费用变更控制程序，包括变更申请、变更批准、变更实施和变更费用控制。只有按照程序批准后，变更才能在项目中实施。

2 发生变更时，要评估变更对进度和费用的影响以及对质量、安全、职业健康和环境保护等的影响，并按照合同要求进行必要的控制。

12.4.5 项目部应定期编制项目费用执行报告。

[详解]

1 项目部要定期编制项目费用执行报告，报告包括费用完成情况，存在的问题，分析原因并采取措施等。

　　2　项目费用执行报告是项目费用状态报告和项目费用汇总报告的总称，主要反映费用的实耗值、已完工作量的预算值以及项目完工时最终费用的预测值，并反映出费用偏差。

第13章　项目安全、职业健康与环境管理

13.1　一 般 规 定

13.1.1　工程总承包企业应按职业健康安全管理和环境管理体系要求，规范工程总承包项目的职业健康安全和环境管理。

[详解]

1　工程总承包企业建立覆盖设计、采购、施工和试运行全过程的职业健康安全管理体系和环境管理体系。

2　项目安全、职业健康与环境管理，主要包括"保障"和"技措"两个层面。

（1）"保障"层面侧重于根据国家现行有关法律法规，制定制度规定，明确安全、职业健康和环境保护管理责任，规范安全操作和管理行为（包括计划、组织、规定和监控等），使劳动主体（劳动者）的安全与职业健康和劳动对象（工程项目及其产品）的安全与环境得到应有的保障。

（2）"技措"层面侧重于以技术手段和技术措施，对安全设施、安全教育和劳保用品以及所需的资源保证的策划与实施。

3　对安全、职业健康与环境自身来讲，它包含有两层含义：一是项目本身，即项目本身在建成投产后其自身安全性能、对操作人员健康的影响和对环境的影响；二是在建设项目的过程中，即项目建设过程中的安全、建设人员的职业健康和环境影响。前者一般在项目的前期和设计中予以考虑和解决，后者在项目的建设实施中予以考虑和解决。

4　项目安全、职业健康与环境管理以工程总承包企业职业健康安全管理体系和环境管理体系为基础，有些方面可以直接应用企业管理体系文件，有些依据项目情况另行编制相关规定。

13.1.2　项目部应设置专职管理人员，在项目经理领导下，具体负责项目安全、职业健康与环境管理的组织与协调工作。

[详解]

1　项目部按照工程总承包企业职业健康安全管理体系和环境管理体系等的要求，设置专职管理人员，明确职责，进行全过程的项目安全、职业健康与环境管理，包括对项目分包人的指导与监督。

2　项目安全、职业健康与环境管理各岗位职责：

（1）安全经理

协助项目经理组织建立项目职业健康安全管理体系和环境管理体系，并保证有效运行。

（2）安全工程师

协助安全经理，制定项目安全、职业健康与环境管理计划，对安全、职业健康与环境管理计划的执行情况进行检查、监控，对整改措施的效果进行追踪验证。收集和整理项目安全、职业健康与环境管理信息反馈，制定并组织实施全员安全、职业健康与环境管理培训和应急演练计划，保证项目安全、职业健康与环境管理资金投入的落实，编写项目安全、职业健康与环境管理报告等。

13.1.3 项目安全管理应进行危险源辨识和风险评价，制定安全管理计划，并进行控制。

[详解]

1 项目部按照合同和国家现行有关法律法规的要求进行危险源辨识和风险评价，制定安全管理制度和安全管理程序。

2 根据危险源辨识和风险评价的结果制定安全管理计划，采取措施进行有效控制。

3 项目风险管理的通用要求和规定适用于项目安全管理。

13.1.4 项目职业健康管理应进行职业健康危险源辨识和风险评价，制定职业健康管理计划，并进行控制。

[详解]

1 在制定项目计划的同时，通过对职业健康危险源的辨识和评估，制定职业健康管理计划，并进行有效控制。

2 要优先考虑采用有利于施工人员、生产操作人员和管理人员的职业健康方案，对噪音、粉尘、有害气体、有毒物质和放射物质等进行有效的控制，最大限度地降低其对人体的伤害。通过对影响项目人员身心健康的因素进行控制，减少并防止职业病的发生。

3 项目风险管理的通用要求和规定适用于项目职业健康管理。

13.1.5 项目环境保护应进行环境因素辨识和评价，制定环境保护计划，并进行控制。

[详解]

1 工程总承包企业要建立环境因素识别、评价和控制机制，制定企业环境因素评价、控制文件和应急预案。项目部负责编制项目环境因素识别、评价和控制清单，制定项目环境保护计划和应急预案。

2 根据建设项目环境影响评价报告和环境保护总体规划，项目部要全面制定并实施工程总承包范围内的环境保护计划，有效控制污染物及废弃物的排放并进行有效的治理，做到达标排放；要注意保护生态环境，防止因工程建设和投产后引起的生态不良变化与扰民；要进行工程总承包范围内的地貌恢复与绿化，防止水土流失等。

3 项目风险管理的通用要求和规定适用于项目环境保护管理。

4 安全管理计划、职业健康管理计划和环境保护计划可以整合为项目的安全、职业健康和环境保护计划。

13.2　安全管理

13.2.1　项目经理应为项目安全生产主要负责人，并应负有下列职责：

1　建立、健全项目安全生产责任制；

2　组织制定项目安全生产规章制度和操作规程；

3　组织制定并实施项目安全生产教育和培训计划；

4　保证项目安全生产投入的有效实施；

5　督促、检查项目的安全生产工作，及时消除生产安全事故隐患；

6　组织制定并实施项目的生产安全事故应急救援预案；

7　及时、如实报告项目生产安全事故。

［详解］

工程总承包企业法定代表人是企业安全生产的第一责任人。项目经理受企业法人授权委托作为项目安全生产主要责任人，依法对项目的安全生产全面负责。

13.2.2　项目部应根据项目的安全管理目标，制定项目安全管理计划，并按规定程序批准实施。项目安全管理计划应包括下列主要内容：

1　项目安全管理目标；

2　项目安全管理组织机构和职责；

3　项目危险源辨识、风险评价与控制措施；

4　对从事危险和特种作业人员的培训教育计划；

5　对危险源及其风险规避的宣传与警示方式；

6　项目安全管理的主要措施与要求；

7　项目生产安全事故应急救援预案的演练计划。

［详解］

1　危险源及其带来的安全风险是项目安全管理的核心。工程总承包项目的危险源，从下列几个方面辨识：

（1）项目的常规活动，如正常的施工活动；

（2）项目的非常规活动，如加班加点，抢修活动等；

（3）所有进入作业场所人员的活动，包括项目部成员，项目分包人，监理及项目发包人代表和访问者的活动；

（4）作业场所内所有的设施，包括项目自有设施，项目分包人拥有的设施，租赁的设施等；

（5）源于作业场所之外的危险源。

2　编制危险源清单有助于辨识危险源，及时采取措施，减少事故的发生。该清单在项目初始阶段进行编制。清单的内容一般包括：危险源名称、性质、风险评价和可能的影响后果，需采取的对策或措施。

    3　当作业活动、作业环境或措施发生变化时，要重新识别并动态更新危险源清单。

    4　危险源辨识、风险评估和实施必要措施的程序如图 13-1 所示。

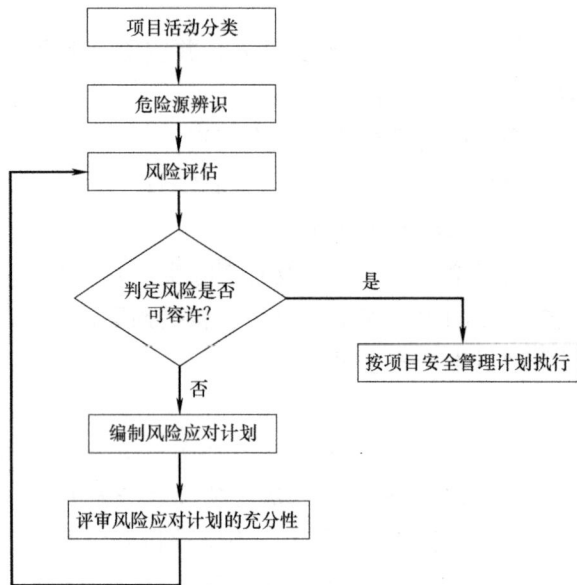

图 13-1　危险源辨识、风险评估与实施程序

13.2.3　项目部应对项目安全管理计划的实施进行管理，并应符合下列规定：

    1　应为实施、控制和改进项目安全管理计划提供资源；

    2　应逐级进行安全管理计划的交底或培训；

    3　应对安全管理计划的执行进行监视和测量，动态识别潜在的危险源和紧急情况，采取措施，预防和减少危险。

［详解］

    1　工程总承包企业最高管理者、企业各部门和项目部都为实施、控制和改进项目安全管理计划提供必要的人力、技术、物资、专项技能和财力等资源；

    2　保证项目部人员和分包人等，正确理解安全管理计划的内容和要求。

    3　确保安全管理计划有效实施。

13.2.4　项目安全管理必须贯穿于设计、采购、施工和试运行各阶段，并应符合下列规定：

    1　设计应满足本质安全要求；

    2　采购应对设备、材料和防护用品进行安全控制；

    3　施工应对所有现场活动进行安全控制；

    4　项目试运行前，应开展项目安全检查等工作。

［详解］

    1　设计需满足项目运行使用过程中的安全以及施工安全操作和防护的需要，依规进行工程设计。

（1）要对项目保障安全、健康和环境可靠的生产工艺、设备设施和相关资源深入了解分析，针对风险考虑备选设计或替代技术以消除风险。同时也要关注变更以确保不会引入或增加新的安全风险；

（2）设计需保证项目本质安全，配合项目发包人报请当地安全、消防等机构的专项审查，确保项目实施及运行使用过程中的安全；

（3）设计考虑施工安全操作和防护的需要，对涉及施工安全的重点部位和环节在设计文件中注明，并对防范安全事故提出指导意见；

（4）在分析项目运行潜在安全风险的基础上，提出管控措施建议，并落实好"三同时"相关要求；

（5）要考虑项目执行时生产安全事故应急处置需要，设计充足的应急设备设施、器材和避难场所，同时充分考虑上述应急装备物资、场所在应急处置中的可用性、易用性；

（6）采用新结构、新材料、新工艺的建设工程和特殊结构、特种设备的项目，在设计中提出保障施工作业人员安全和预防安全事故的措施建议。

2　项目采购对自行采购和分包采购的设备、材料和防护用品进行安全控制。采购合同包括相关安全要求的条款，并对供货、检验和运输安全作出明确规定。

3　施工阶段的安全管理需结合行业及项目特点，对施工过程中可能影响安全的因素进行管理。

4　项目试运行前，需对各单项工程组织安全验收。制定试运行安全技术措施，确保试运行过程的安全。

13.2.5　项目部应配合项目发包人按规定向相关部门申报项目安全施工措施的有关文件。

[详解]

1　项目部协助项目发包人进行下列工作：

（1）项目施工前，项目发包人负责向工程所在地的县级以上地方人民政府建设行政主管部门报送项目安全施工措施的有关文件。

（2）根据消防监督审核程序，项目发包人负责向工程所在地的消防机构申报审查项目的消防设计图纸和资料。

2　项目部配合项目发包人按照规定向工程所在地的县级以上地方人民政府建设行政主管部门申报领取施工许可证所需的项目安全施工措施的有关文件。

13.2.6　在分包合同中，项目承包人应明确相应的安全要求，项目分包人应按要求履行其安全职责。

13.2.7　项目部应制定生产安全事故隐患排查治理制度，采取技术和管理措施，及时发现并消除事故隐患，应记录事故隐患排查治理情况，并应向从业人员通报。

13.2.8　当发生安全事故时，项目部应立即启动应急预案，组织实施应急救援并按规定及时、如实报告。

[详解]

1　结合施工风险编制应急预案以提高实用性。

2 应急预案颁布后要进行培训、演练，确保各类人员熟悉应急职责和处置措施。

3 生产安全事故应急处置结束后，要开展应急处置评估，检验预案可操作性，并及时修订。

13.3 职业健康管理

13.3.1 项目部应按工程总承包企业的职业健康方针，制定项目职业健康管理计划，并按规定程序批准实施。项目职业健康管理计划宜包括下列主要内容：

1 项目职业健康管理目标；

2 项目职业健康管理组织机构和职责；

3 项目职业健康管理的主要措施。

[详解]

1 项目职业健康管理计划，一般包括：项目职业健康管理的指导思想、项目职业健康管理目标、项目职业健康管理的组织机构和职责、项目的特点和职业健康管理的主要措施，遵守的国家现行有关职业健康的法律法规等。

2 项目职业健康管理计划经工程总承包项目经理批准后，传达到项目部和参与该项目的全体员工。

3 项目职业健康管理计划要定期评审，修改、补充和完善。

13.3.2 项目部应对项目职业健康管理计划的实施进行管理，并应符合下列规定：

1 应为实施、控制和改进项目职业健康管理计划提供必要的资源；

2 应进行职业健康的培训；

3 应对项目职业健康管理计划的执行进行监视和测量，动态识别潜在的危险源和紧急情况，采取措施，预防和减少伤害。

13.3.3 项目部应制定项目职业健康的检查制度，对影响职业健康的因素采取措施，记录并保存检查结果。

[详解]

1 项目部的日常检查内容包括：项目职业健康管理目标的实现情况，国家现行有关法律法规及规章制度遵守的情况，事故和不符合状况的监控与调查处理等。

2 检查记录要具有可追溯性，目的是为了获得有益的经验和信息，以便更好地开展职业健康管理工作。

13.4 环 境 管 理

13.4.1 项目部应根据批准的建设项目环境影响评价文件，编制用于指导项目实施过程的项目环境保护计划，并按规定程序批准实施，包括下列主要内容：

1 项目环境保护的目标及主要指标；

2 项目环境保护的实施方案；

3　项目环境保护所需的人力、物力、财力和技术等资源的专项计划；

4　项目环境保护所需的技术研发和技术攻关等工作；

5　项目实施过程中防治环境污染和生态破坏的措施，以及投资估算。

［详解］

项目环境保护的目标一般满足下列要求：

（1）适合项目部自身及工程项目的特点，并满足合同要求；

（2）承诺持续改进和污染预防，并遵守国家现行有关法律法规和其他要求；

（3）项目部对项目的环境保护目标定期评审、修改、补充和完善，以适应不断变化的内外部条件和要求。

13.4.2　项目部应对项目环境保护计划的实施进行管理，并应符合下列规定：

1　应为实施、控制和改进项目环境保护计划提供必要的资源；

2　应进行环境保护的培训；

3　应对项目环境保护管理计划的执行进行监视和测量，动态识别潜在的环境因素和紧急情况，采取措施，预防和减少对环境产生的影响；

4　落实环境保护主管部门对施工阶段的环保要求，以及施工过程中的环境保护措施；对施工现场的环境进行有效控制，建立良好的作业环境。

13.4.3　项目部应制定项目环境巡视检查和定期检查制度，对影响环境的因素应采取措施，记录并保存检查结果。

［详解］

对项目环境保护计划执行的检查内容主要有：

（1）项目环境保护计划的执行情况；

（2）项目控制重大环境因素的有关结果和成效；

（3）项目环境目标和指标的实现程度；

（4）定期评价国家现行有关环境保护的法律法规和标准的遵守情况；

（5）监视和测量设备的定期校准和维护。

13.4.4　项目部应建立环境管理不符合状况的处置和调查程序，明确有关职责和权限，实施纠正措施。

［详解］

对环境管理不符合状况的处理可按照下列步骤：

（1）对不符合事项进行纠正；

（2）依据不符合状况进行原因分析；

（3）针对原因制定相应的纠正措施；

（4）实施纠正措施，并跟踪验证其有效性；

（5）进一步分析和调查是否有类似的不符合项。

第14章 项目资源管理

14.1 一般规定

14.1.1 工程总承包企业应建立并完善项目资源管理机制，使项目人力、设备、材料、机具、技术和资金等资源适应工程总承包项目管理的需要。

[详解]

1 工程总承包企业建立并完善项目资源管理机制，根据项目特点和资源需求情况，为工程总承包项目合理投入资源。

2 项目资源包括企业内部资源和外部资源。

14.1.2 项目资源管理应在满足实现工程总承包项目的质量、安全、费用、进度以及其他目标需要的基础上，进行项目资源的优化配置。

[详解]

1 项目资源优化是项目资源管理目标的计划预控，是项目计划的重要组成部分，包括资源规划、资源分配、资源组合、资源平衡和资源投入的时间安排等。

2 项目资源优化包括项目人力、设备、材料、机具、技术和资金等各方面资源的优化。

14.1.3 项目资源管理的全过程应包括项目资源的计划、配置、控制和调整。

[详解]

1 项目资源计划主要是对各类资源的需求、配置（采买）和使用（供应）的计划。一般包括：人力资源需求、配置和使用计划，设备、材料需求，采买和供应计划，机具需求、配置和使用计划，技术需求、配置和应用计划，资金需求、配置和使用计划等。

2 项目资源管理要随时监控资源投入（或资源退出）与质量、安全、费用、进度、职业健康和环境保护等之间的关系及其影响程度，保证资源的投入与质量、安全、费用、进度、职业健康和环境保护等之间的动态平衡。

14.2 人力资源管理

14.2.1 项目部应根据项目实施计划，编制人力资源需求、使用和培训计划，经工程总承包企业批准，配置项目人力资源，建立项目团队。

[详解]

1 人力资源需求、使用和培训计划是项目资源计划的重要组成，按照项目实施计划、WBS、项目特点和合同要求编制。

2　人力资源需求、使用和培训计划要明确各阶段绩效控制目标所需的人力资源。

3　项目部按照工程总承包企业批准的项目人力资源计划落实所需的人力资源，组建项目团队，并按照项目培训计划进行岗位培训。

14.2.2　项目部应对项目人力资源进行优化配置和成本控制，并对项目从业人员的从业资格与能力进行管理。

[详解]

1　项目部人力资源的优化配置是跟踪实施过程中的人力资源使用状况，在保持有序、高效运作前提下，按照阶段性控制目标和要求，及时调整岗位职责和设置。

2　项目部按照批准的项目人力资源需求和使用计划，对投入或撤出人力资源进行管理和控制。

3　项目部要对项目从业人员的从业资格与能力进行管理，匹配现职岗位的工作能力和经历。

14.2.3　项目部应根据工程总承包企业要求，制定项目绩效考核和奖惩制度，对项目部人员实施考核和奖惩。

14.3　设备材料管理

14.3.1　项目部应编制设备、材料控制计划，建立项目设备、材料控制程序和现场管理规定，对设备、材料进行管理和控制。

[详解]

设备、材料控制主要是制定采购各个环节的控制计划，并按照计划实施和管理。

14.3.2　项目部设备、材料管理人员应对设备、材料进行入场检验、仓储管理、出入库管理和不合格品管理等。

[详解]

1　项目部对拟进场的工程设备、材料进行检验，项目采购经理负责组织对到场设备、材料的到货状态当面进行核查、记录，办理交接手续。

2　进场的设备、材料必须做到货物的型号、外观质量、数量和包装质量等各方面合格，资料齐全、准确。

3　对检验验收过程中发现的不合格品实施有效的控制，并对待检设备、材料进行有效的防护和保管。

14.3.3　项目部应依据合同约定对项目发包人提供的设备、材料进行控制。

[详解]

1　项目承包人要关注在合同或协议中规定由项目发包人采购和供应的设备、材料的管理职责、服务范围和方式。

2　依据合同约定接收由项目发包人提供的设备、材料。进行验证并做好交接记录。

3 由项目发包人提供的设备、材料在入库、验证、贮存、出库和使用等过程中，如发现有不合格、损坏、丢失和不适用的情况，项目部要及时向项目发包人报告，并按照项目发包人的反馈意见妥善处理并保存记录。

14.4 机具管理

14.4.1 项目部应编制项目机具需求和使用计划。对进入施工现场的机具应进行检验和登记，并按要求报验。

[详解]

1 项目机具是指实施工程所需的各种施工机具、试运转工器具、检验与试验设备、办公用器具和项目部需要直接使用的其他设备资源。不包括移交给项目发包人的永久性工程设施。

2 项目机具包括项目承包人和项目分包人按照分包合同约定提供和使用的机具等。

3 根据项目管理计划编制项目机具需求和使用计划，包括项目机具的配置、使用、维修和进退场等方面的内容。

4 现场机具报验依据工程总承包合同、分包合同或其他书面文件约定的职责范围，根据国家现行有关法律法规要求分别实施和管理。

14.4.2 项目部应对现场施工机具的使用统一进行管理。

[详解]

1 项目部按照项目机具需求和使用计划的要求实行统一调配和管理，以提高现场机具的使用效率，降低成本。

2 项目部审核专业或专用机具的操作人员清单，检查是否具有有效的资格证或合格证书，执行持证上岗操作制度。严禁无证人员或不合格人员上岗操作。

14.5 技术管理

14.5.1 项目部应执行工程总承包企业相关技术管理规定，对项目的技术资源与技术活动进行计划、组织、协调和控制。

[详解]

1 技术资源是工程总承包企业重要的基础性资源，包括工艺技术、工程设计技术、采购技术、施工（管理）技术、试运行（服务）技术、项目管理技术以及其他为实现项目目标所需的各种技术。其中，专有技术和专利技术是企业技术资源的核心内容。

2 技术活动包括项目技术的开发、引进、技术标准的采用和技术方案的确定等。

14.5.2 项目部应对设计、采购、施工和试运行过程中涉及的技术资源与技术活动进行过程管理。

[详解]

1 项目全过程中的技术活动要采用和执行合同约定的技术标准。项目部要严格执行合同约定的技术标准和规范，并监督项目分包人执行，严格控制项目干系人提出的技术标准变更，认真对待和处理国家标准变化引起的强制性变更等。

2 在项目管理过程中，应用新技术（包括开发和引进的新工艺技术、工程技术和管理技术）要遵循安全性、经济性和先进性的原则。专业设计部室对所采用技术的正确性和有效性负责，项目部对所采用的技术与合同的符合性负责。

14.5.3 项目部应依据合同约定和工程总承包企业知识产权有关规定，对项目所涉及的知识产权进行管理。

[详解]

工程总承包企业对项目有关著作权、专利权、专有技术权、商业秘密权和商标专用权等知识产权进行管理，同时尊重并合法使用他人的知识产权。

14.6 资金管理

14.6.1 项目部及工程总承包企业相关职能部门应制定资金管理目标和计划，对项目实施过程中的资金流进行管理和控制。

[详解]

1 项目资金管理目标一般包括：项目资金筹措目标（在项目前期或各分阶段前提出用于支持项目启动和运作的资金数额）、资金收入管理目标（将可收入的工程预付款、进度款、分期和最终结算、保留金回收以及其他收入款项，分阶段明确回收目标）、资金支出管理目标（项目实施过程中由项目承包人支付的各项费用所形成的计划支付目标）。

2 项目资金管理计划主要包括项目资金流动计划和财务用款计划。

3 项目资金收支管理、资金使用管理和资金风险管理要满足工程总承包企业的规定要求。

4 工程总承包企业要结合项目成本核算与分析，进行资金收支情况和经济效益考核评价。

14.6.2 项目部应根据工程总承包企业的资金管理规章制度，制定项目资金管理规定，并接受企业财务部门的监督、检查和控制。

14.6.3 项目部应配合工程总承包企业相关职能部门，依法进行项目的税费筹划和管理。

14.6.4 项目部应对项目资金计划进行管理。项目财务管理人员应根据项目进度计划、费用计划、合同价款及支付条件，编制项目资金流动计划和项目财务用款计划，按规定程序审批和实施。

[详解]

1 项目资金流动计划包括资金使用计划和资金收入计划。

2 资金使用计划一般包括：前期费用、临时工程费用、人员费用、工程机具费用、永久工程设备材料费用、施工安装费用和其他费用等。

3 资金收入计划一般包括：合同约定的预付款、工程进度款（期中付款）、最终结算付款和保留金回收等。

4 项目财务用款计划也称项目资金需求计划，是对资金使用计划的分项和细化，由项目财务管理人员根据项目资金流动计划和项目资金管理规定的要求制定，按照规定程序审批后分时段执行。该计划对所列各项的支付金额、计划时间、执行人、批准人以及资金来源等予以明确。

5 项目部要按照资金使用计划控制资金使用，节约开支，按照会计制度规定设立资金台账，记录项目资金收支情况，实施财务核算和盈亏盘点。

6 项目部要进行资金使用分析，对比计划收支与实际收支，找出差异，分析原因，改进资金管理。

14.6.5 项目部应依据合同约定向项目发包人提交工程款结算报告和相关资料，收取工程价款。

[详解]

1 依据合同约定的时间、方式和内容要求进行工程款结算。

2 工程款结算内容包括：对已完工程及时申报期中结算；在全部工程竣工并验收后，及时申报最终结算；对确认有缺陷的部分工程，在缺陷修补和验收后再进行结算。

14.6.6 项目部应对资金风险进行管理。分析项目资金收入和支出情况，降低资金使用成本，提高资金使用效率，规避资金风险。

[详解]

1 项目部对项目资金的收入和支出进行合理预测，对各种影响因素评估，调整项目管理行为，尽可能地避免资金风险。

2 项目部财务管理人员，要坚持做好项目资金收入和支出的统计对比、找出差异、分析原因、制定措施并进行预测和预报工作，以提高资金使用效率和降低资金使用成本。

3 项目经理、财务经理和资金管理人员按照职责范围要求，做好项目资金的跟踪、分析和预测，采取应对措施和监控协调等管理工作。

4 工程总承包企业通过项目财务管理系统，对所有项目资金管理计划实施情况进行监督和协调。特别对大型合同项目、固定总价合同项目和涉外融资或筹资项目等实施重点监控、指导和协调。

14.6.7 项目部应根据工程总承包企业财务制度，向企业财务部门提出项目财务报表。

[详解]

项目部根据工程总承包企业财务制度，定期将各项财务收支的实际数额与计划数额进行比较和分析，提出改进措施，提交项目财务有关报表和收支报告。

14.6.8 项目竣工后，项目部应完成项目成本和经济效益分析报告，并上报工程总承包企业相关职能部门。

[详解]

项目竣工后，按照工程总承包企业规定和要求，项目财务经理组织进行项目成本核算，并报项目经理审批。

第15章 项目沟通与信息管理

15.1 一般规定

15.1.1 工程总承包企业应建立项目沟通与信息管理系统，制定沟通与信息管理程序和制度。

[详解]

1 为了组织、协调和控制项目的实施过程，要进行项目沟通和信息管理。良好的信息沟通有利于项目的开展和项目干系人关系的改善。

2 项目沟通与信息管理系统为项目的沟通提供途径、方式、方法和工具，为预测未来、准确决策以及事后追溯提供依据。

15.1.2 工程总承包企业应利用现代信息及通信技术对项目全过程所产生的各种信息进行管理。

[详解]

采用基于计算机网络的现代信息沟通技术进行项目信息沟通，并不排斥面对面的沟通及其他沟通方式。

15.1.3 项目部应运用各种沟通工具及方法，采取相应的组织协调措施与项目干系人进行信息沟通。

15.1.4 项目部应根据项目规模、特点与工作需要，设置专职或兼职项目信息管理和文件管理控制岗位。

[详解]

1 项目信息管理人员一般包括信息技术管理工程师（IT工程师）和文件管理控制工程师，后者有时可由项目秘书兼任。

2 项目信息管理各岗位职责：

（1）IT工程师

负责项目的广域网、局域网、服务器、音视频和计算机系统的配置，应用软件的安装、培训和技术支持等工作。

（2）文件管理控制工程师

负责实施项目部对内、对外的文件管理控制，包括文件编号、文件分发矩阵、文件审批流程、纸质和电子文件存储方案等，并追踪、分析执行情况；处理项目来往电函的分配及发送。

15.2 沟 通 管 理

15.2.1 项目沟通管理应贯穿工程总承包项目管理的全过程。

[详解]

1 项目沟通管理是保证项目信息能够被及时适当地生成、收集、分析、分发、储存和最终处理所需要的过程。其目的是协调项目内外部关系，互通信息，排除误解、障碍，解决矛盾，保证项目目标的实现。

2 项目沟通的内容包括项目建设有关的所有信息，项目部需做好与政府相关主管部门的沟通协调工作，按照相关主管部门的管理要求，提供项目信息，办理与设计、采购、施工和试运行相关的法定手续，获得审批或许可。

3 做好与设计、采购、施工和试运行有直接关系的社会公用性单位的沟通协调工作，获取和提交相关的资料，办理相关的手续及审批。

4 根据项目干系人需求和反馈意见建立沟通渠道。

5 项目沟通要及时、双向，确保信息被及时分享。

6 定期对沟通计划和沟通程序进行评估和调整。

15.2.2 项目部应制定项目沟通管理计划，明确沟通的内容和方式，并根据项目实施过程中的情况变化进行调整。

[详解]

1 沟通可以利用下列方式和渠道：

（1）信息检索系统：包括档案系统、计算机数据库、项目管理软件和工程图纸等技术文件资料；

（2）工作分解结构（WBS）。项目沟通与工作分解结构有着重要联系，可利用工作分解结构来编制沟通计划；

（3）信息发送系统：包括会议纪要、文件、电子文档、共享的网络电子数据库、传真、电子邮件、网站、交谈和演讲等。

2 项目沟通管理计划，包括下列主要内容：

（1）识别项目干系人；

（2）分析和确定项目干系人的需求；

（3）按照项目实施计划中的项目协调程序与项目干系人进行沟通。

3 项目部成员与项目干系人在项目管理过程的不同阶段可以采用不同的沟通方法。

4 项目沟通管理计划编制程序。

项目沟通管理计划编制程序，见图15-1。

5 项目沟通计划遵循PDCA循环原则，项目部对沟通的绩效进行评估，检查项目沟通是否真正有效，是否真正满足了项目干系人的需求。包括下列主要内容：

（1）信息的种类；

（2）发送信息的频率；

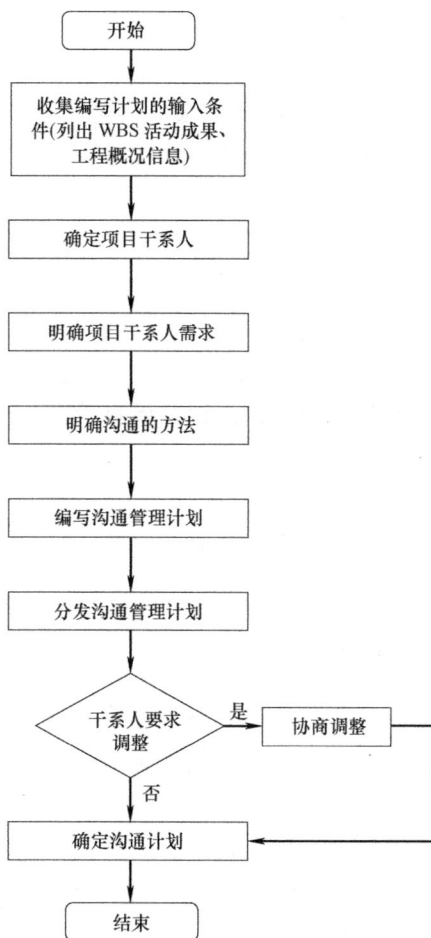

图 15-1 项目沟通管理计划编制程序

（3）信息的详细程度和深度；

（4）信息的格式或方式；

（5）信息传递的方式、方法；

（6）干系人对分享信息方式的满意度。

15.2.3 项目部应根据工程总承包项目的特点，以及项目相关方不同的需求和目标，采取协调措施。

[详解]

由于项目具有独特性（项目的类型、合同的目标和约定，项目发包人的管理要求，项目具体实施方式等），项目部要根据项目的特点，采取有针对性的协调措施，以提高沟通协调的有效性。

15.3 信息管理

15.3.1 项目部应建立与企业相匹配的项目信息管理系统，实现数据的共享和流转，对信息进行分析和评估。

[详解]

1 项目信息管理系统以项目为核心，在项目实施的整个生命周期内，对项目参与各方的信息进行集中管理，并根据项目管理层的需要对项目信息进行分析和评估，实现管理信息系统的功能。

2 把项目干系人作为一个整体，降低工程信息沟通的成本，提高信息沟通的稳定性、准确性和及时性。

3 项目信息集中存储管理可完善项目组织信息沟通的方式，提高沟通效率。

4 项目干系人根据被赋予的权限和需要，存取信息，实现数据共享。

15.3.2 项目部应制定项目信息管理计划，明确信息管理的内容和方式。

[详解]

1 项目信息管理计划，包括下列主要内容：

(1) 组织架构、信息管理职责以及信息管理方案；

(2) 项目信息分类及编码。

2 信息管理的内容和方式：

(1) 项目内部信息管理，包括工程进度、项目技术、工程质量、合同及商务、项目安全、职业健康与环境管理信息和综合办公信息等；

(2) 项目外部信息管理，包括远程网络视频监控、门禁系统、火灾报警系统、网络视频会议等。

15.3.3 项目信息管理系统应符合下列规定：

1 应与工程总承包企业的信息管理系统相兼容；

2 应便于信息的输入、处理和存储；

3 应便于信息的发布、传递和检索；

4 应具有数据安全保护措施。

15.3.4 项目部应制定收集、处理、分析、反馈和传递项目信息的管理规定，并监督执行。

15.3.5 项目部应依据合同约定和工程总承包企业有关规定，确定项目统一的信息结构、分类和编码规则。

[详解]

1 项目信息分类考虑分类的稳定性、兼容性、可扩展性、逻辑性和实用性。项目信息的编码考虑编码的唯一性、合理性、包容性和可扩充性并简单适用。

2 项目编码系统通常包括项目编码（PBS）、组织分解结构（OBS）编码、工作分解结构（WBS）编码、资源分解结构（RBS）编码、设备材料代码、费用代码和文件编码等。

15.4 文件管理

15.4.1 项目文件和资料应随项目进度收集和处理，并按项目统一规定进行管理。

[详解]

1　项目的文件和资料包括分包项目的文件和资料，在签订分包合同时需明确分包工程文件和资料的移交套数、移交时间、质量要求及验收标准等。

2　工程资料的形成需与项目实施同步。

3　分包工程完工后，项目分包人将有关工程资料依据合同约定移交。

15.4.2　项目部应按档案管理标准和规定，将设计、采购、施工和试运行阶段形成的文件和资料进行归档，档案资料应真实、有效和完整。

[详解]

项目数据、文字、表格、图纸和图像等信息，宜以电子化的形式存储。对具有法律效力的项目文档，需以纸质和电子化形式双重存储。

15.5　信息安全及保密

15.5.1　项目部应遵守工程总承包企业信息安全的有关规定，并应符合合同要求。

15.5.2　项目部应根据工程总承包企业信息安全和保密有关规定，采取信息安全与保密措施。

[详解]

1　工程总承包企业需制定信息安全与保密管理程序、规定和措施，以保证文件、信息的安全，防止内部信息和领先技术的失密与流失，确保企业在市场中的竞争优势，包括下列主要工作：

（1）确保数据库的同步备份和异地灾害备份，避免项目信息数据的丢失。

（2）采用防火墙、数据加密等技术手段，防止被非法、恶意攻击、篡改或盗取。

（3）控制系统用户的权限，防止项目数据信息被不当利用或滥用。

2　工程总承包企业信息数据安全保护所涵盖的资源包括网络、应用系统、数据、计算机终端和机房环境等。

3　项目信息安全管理包括网络安全（网络接入、网络服务和网络设备的安全管理），服务器系统安全（操作系统和应用系统的安全），数据安全（数据的备份、恢复和授权管理），人员信息安全管理（信息系统用户的管理）。

4　项目承包人要对项目发包人的产品和工艺保密，并保证按照其信息安全的要求进行权限设置。保证项目信息在输入、存储、传输和输出的环节中的保密级别是受控的，要将数据控制分级并设置相应权限。

15.5.3　项目部应根据工程总承包企业的管理规定进行信息的备份和存档。

第16章 项目合同管理

16.1 一般规定

16.1.1 工程总承包企业的合同管理部门应负责项目合同的订立，对合同的履行进行监督，并负责合同的补充、修改和（或）变更、终止或结束等有关事宜的协调与处理。

[详解]

　　1　工程总承包合同的责任主体是工程总承包企业。合同履行的结果直接影响工程总承包企业的信誉、市场和经济利益等。

　　2　工程总承包合同要由工程总承包企业合同管理部门统一管理。合同管理部门代表工程总承包企业负责订立工程总承包合同，并对合同履行起着支持、保证和指导作用。

　　3　在合同的履行过程中，所有涉及合同的补充、修改和（或）变更、终止或结束等有关事宜，都属于合同管理范畴。工程总承包企业合同管理部门代表企业负责有关事宜的协调与处理。

16.1.2 工程总承包项目合同管理应包括工程总承包合同和分包合同管理。

[详解]

　　1　工程总承包合同管理是指对合同订立并生效后所进行的履行、变更、违约、索赔、争议处理、终止或结束的全部活动的管理。

　　2　分包合同管理是指对分包项目的招标、评标、谈判、合同订立，以及生效后的履行、变更、违约、索赔、争议处理、终止或结束的全部活动的管理。

　　3　分包合同约定的目标和要求要与工程总承包合同的目标和要求相适应。工程总承包企业合同管理部门及项目部依据工程总承包项目合同，对工程范围、内容，以及各目标要求进行分解，确定分解的工程范围和内容以及目标要求，形成分包合同的约定。通过对各分包合同的管理和监控，达到分包合同目标，从而最终完成工程总承包项目合同的约定。

16.1.3 项目部应根据工程总承包企业合同管理规定，负责组织对工程总承包合同的履行，并对分包合同的履行实施监督和控制。

[详解]

　　1　项目部负责组织完成工程总承包合同所约定的全部工作，包括实施过程采用分包形式，订立分包合同转交项目分包人完成的工作内容。

　　2　项目部在整个合同管理过程中，要依法履约并达到合同目标，包括对分包合同的履行实施监督和控制。

3 项目部的所有活动和行为，均要受项目所有合同和相关法规的支持和约束。同样，也要符合工程总承包企业合同管理程序和规定。

16.1.4 项目部应根据工程总承包企业合同管理要求和合同约定，制定项目合同变更程序，把影响合同要约条件的变更纳入项目合同管理范围。

[详解]

1 工程总承包合同，都有相关的变更条款，包括变更权、变更范围、变更程序、变更价款调整和确认争议等约定。项目部在涉及变更事件的处置，要遵守合同有关变更的条款。

2 为了保证变更处置符合工程总承包企业合同管理要求和合同约定，项目部要依据项目的管理特点和合同约定，制定本项目的变更管理程序和规定，并按照程序和规定要求对变更实施管理。

3 变更影响合同履行条件时（如工作范围和内容、质量、费用和进度等），合同相关方要对变更的处置方案、结果以及对原合同要约的影响达成一致意见，形成对合同的调整和修改。因此无论采用会议纪要、协议或合同变更单等形式，都是属于合同的组成部分，要把影响合同要约条件的变更纳入项目合同管理范围。

16.1.5 工程总承包合同和分包合同以及项目实施过程的合同变更和协议，应以书面形式订立，并成为合同的组成部分。

[详解]

工程总承包合同和分包合同以及项目实施过程的合同变更和协议，都属于建设工程合同范畴，要符合国家现行有关法律法规和标准的规定，需要采用书面形式订立。

16.2 工程总承包合同管理

16.2.1 项目部应根据工程总承包企业相关规定建立工程总承包合同管理程序。

[详解]

项目部的工程总承包合同管理程序，是针对项目特点和适应项目部管理组织的管理制度。其主要是对工程总承包企业合同管理的相关制度在操作性方面的具体化，确保在项目实施过程中对合同管理的可操作性。

16.2.2 工程总承包合同管理宜包括下列主要内容：

1 接收合同文本并检查、确认其完整性和有效性；

2 熟悉和研究合同文本，了解和明确项目发包人的要求；

3 确定项目合同控制目标，制定实施计划和保证措施；

4 检查、跟踪合同履行情况；

5 对项目合同变更进行管理；

6 对合同履行中发生的违约、索赔和争议处理等事宜进行处理；

7 对合同文件进行管理；

8 进行合同收尾。

[详解]

1 完整性和有效性是指合同文本的构成是否完整，合同的签署是否符合要求。

2 组织熟悉和研究合同文件，是项目经理在项目初始阶段的一项重要工作，是依法履约的基础。其目的是澄清和明确合同的全面要求并将其纳入项目实施过程中，避免潜在未满足项目发包人要求的风险。

3 按照合同的目标和要求，制定项目的管理控制目标，并围绕管理控制目标，制定实施计划和保证管理控制目标实现的对应措施。

4 确定项目合同的控制目标，包括阶段性控制目标和最终控制目标。

5 制定实施计划，是指在合同项目初始阶段，由项目经理组织项目管理人员与合同管理人员，按照已确定的控制目标和项目管理计划进行编制的，用于对项目实施进行管理和控制的文件，是项目实施计划的重要组成部分。实施计划经协调和批准后发布执行。

6 制定保证措施，是指为保证实施计划在合同管理过程中落实，需要在资源配置、监督检查、变更处理、风险管理以及绩效考核等方面作出安排和制定预案，并对发生问题的处理原则和程序作出规定。

7 检查、跟踪合同履行情况，是指在项目实施过程中对实施计划执行情况跟踪检查，并对执行过程中出现的偏差问题，进行分析和纠正，使项目可测量结果不偏离合同约定的要求，防止因合同违规而造成不良后果。

16.2.3 项目部合同管理人员应全过程跟踪检查合同履行情况，收集和整理合同信息和管理绩效评价，并应按规定报告项目经理。

[详解]

1 全过程跟踪检查合同履行情况，实质上是对项目实施计划执行过程偏差的监管，通过偏差情况和原因的分析，制定纠偏措施，纠正人为因素，调整必要的资源，并按照合同的规定，与责任方进行协调和沟通，提出应对措施方案，尽快解决履约偏差问题。

2 通过全过程跟踪检查合同履行情况，能检测项目部的管理绩效，通过对管理绩效的评价，能反映项目管理诸方面的不足。项目经理可根据管理绩效的评价，完善必要的管理制度，加强项目管理力度，提升管理水平。

16.2.4 项目合同变更应按下列程序进行：

1 提出合同变更申请；

2 控制经理组织相关人员开展合同变更评审并提出实施和控制计划；

3 报项目经理审查和批准，重大合同变更应报工程总承包企业负责人签认；

4 经项目发包人签认，形成书面文件；

5 组织实施。

[详解]

1 项目部及项目合同管理人员要高度重视项目合同的变更，依据项目合同变更程序和相关的管理制度，规范合同变更活动和行为。

2　合同变更申请要形成书面文件，其内容包括变更原因、变更技术方案和实施方案以及变更对技术、质量、安全、费用、进度、职业健康和环境保护等方面的影响程度，并做出定量测算。

3　合同的变更申请要进行评审。评审内容包括变更原因的符合性、变更技术方案和实施方案的可实施性和经济性、对质量、安全、费用、进度、职业健康和环境保护等方面的影响程度的适宜性，并以此有针对性地提出实施要求和控制计划。

4　项目经理按照合同变更程序进行合同变更管理。对变更影响范围较大或重大的合同变更，要报工程总承包企业合同管理部门评审，最终报请工程总承包企业负责人确认和批准。

5　项目合同变更涉及费用、进度和变更技术方案的适宜性，变更要与项目发包人协商一致，获得项目发包人的认可和批准。通过沟通、磋商和妥协进行谈判，与项目发包人达成一致意见后，形成书面文件。该文件将作为合同的组成部分。

16.2.5　提出合同变更申请时应填写合同变更单。合同变更单宜包括下列主要内容：

1　变更的内容；

2　变更的理由和处理措施；

3　变更的性质和责任承担方；

4　对项目质量、安全、费用和进度等的影响。

16.2.6　合同争议处理应按下列程序进行：

1　准备并提供合同争议事件的证据和详细报告；

2　通过和解或调解达成协议，解决争议；

3　和解或调解无效时，按合同约定提交仲裁或诉讼处理。

16.2.7　项目部应依据合同约定，对合同的违约责任进行处理。

[详解]

1　项目部及合同管理人员依据合同约定及相关证据，对合同当事人及相关方承担的违约责任和（或）连带责任进行澄清和界定，其结果需形成书面文件，以作为受损失方用于获取补偿的证据。

2　当确定项目发包人违约事实时，要根据违约的影响程度来追究项目发包人的责任；当违约已造成损失时，要及时启动索赔程序。

3　项目部要注意和加强对连带责任的预警和控制，采取措施并防止连带责任所产生的风险和损失。

4　当由于项目部管理原因造成项目承包人违约时，无论是自行发现，还是项目发包人追责，都要及时应对，包括编制和实施纠正违约事件的处置方案。

16.2.8　合同索赔处理应符合下列规定：

1　应执行合同约定的索赔程序和规定；

2　应在规定时限内向对方发出索赔通知，并提出书面索赔报告和证据；

3　应对索赔费用和工期的真实性、合理性及准确性进行核定；

4 应按最终商定或裁定的索赔结果进行处理。索赔金额可作为合同总价的增补款或扣减款。

[详解]

1 合同索赔管理是合同管理的重要内容，它与合同的进度管理、成本管理和文档管理等有直接和紧密的联系。

2 合同索赔处理要注意的问题：

（1）发出索赔通知和提交索赔报告的时限要符合合同要求；

（2）在索赔报告中，对索赔证据和索赔目标值（费用和时间）计算的充分性、真实性、正确性和合理性要认真核定，否则会影响索赔的有效性，或增加索赔成本，或可能被反索赔；

（3）索赔结果的处理方式以书面形式明确。对于费用的处理，可采用现付现汇，或在工程进度款中增补或扣减，或纳入合同项目最终结算时的增补款或扣减款。不论何种方式，商定或裁定的结果要保存相关的记录或文件。

16.2.9 项目合同文件管理应符合下列规定：

1 应明确合同管理人员在合同文件管理中的职责，并依据合同约定的程序和规定进行合同文件管理；

2 合同管理人员应对合同文件定义范围内的信息、记录、函件、证据、报告、合同变更、协议、会议纪要、签证单据、图纸资料、标准规范及相关法规等进行收集、整理和归档。

[详解]

1 合同管理人员在履约中断、合同终止和（或）收尾结束时，做好合同文件的清点、保管或移交以及归档工作，满足合同相关方的需求。

2 项目部合同管理人员在合同文件管理中的基本职责包括下列主要内容：

（1）负责合同文本和相关文件资料的管理（收集、整理和归档），包括依据合同约定，在合同履行过程中新增的属于合同组成部分的各类资料和文件，如合同文件定义范围内的信息、记录、函件、证据、报告、合同变更、协议、会议纪要、签证单据、图纸资料、标准规范和现行相关法规等；

（2）按照规定和要求做好项目验收和合同收尾工作（包括合同文件归档），并做出完整的索引记录，以便保存、检索和查阅。

3 项目部合同文件管理基本要求：

（1）遵守合同管理规定，保证合同文件不丢失、不损坏、不失密，并方便使用；

（2）做好合同文件的整理、分类、收尾、保管和移交工作。合同文件管理要建立台账。

16.2.10 合同收尾工作应符合下列规定：

1 合同收尾工作应依据合同约定的程序、方法和要求进行；

2 合同管理人员应建立合同文件索引目录；

3 合同管理人员确认合同约定的保修期或缺陷责任期已满并完成了缺陷修补工

作时，应向项目发包人发出书面通知，要求项目发包人组织核定工程最终结算及签发合同项目履约证书或验收证书，关闭合同；

　　4　项目竣工后，项目部应对合同履行情况进行总结和评价。

[详解]

　　1　当合同中没有明确规定时，合同收尾工作一般包括：收集并整理合同及所有相关的文件、资料、记录和信息，总结经验和教训，按照要求归档，实施正式的验收。依据合同约定获取正式书面验收文件。

　　2　合同履行情况的总结和评价，是指通过合同管理绩效的评价，总结合同签订和履行过程的利弊得失、经验教训，为工程总承包企业及项目部后续项目合同管理工作提供借鉴。合同管理总结和评价，包括下列主要内容：

　　（1）合同条件和条款的适宜性；

　　（2）合同履行情况；

　　（3）合同管理的职责、程序、工作绩效；

　　（4）经验与教训总结和归纳。

16.3　分包合同管理

16.3.1　项目部及合同管理人员，应依据合同约定，将需要订立的分包合同纳入整体合同管理范围，并要求分包合同管理与工程总承包合同管理保持协调一致。

[详解]

　　1　分包合同的工作范围和关联责任属于工程总承包企业。工程总承包企业要履行工程总承包合同所规定的责任和义务，要把分包合同纳入整体合同管理范围，通过对分包合同的控制和管理，确保其不偏离工程总承包合同的要约，最终达到整体项目的最终控制目标。

　　2　分包合同管理要与工程总承包合同管理协调一致，包括下列主要内容：

　　（1）在合同全过程管理中保持协调一致；

　　（2）在采用标准规范和等级方面协调一致；

　　（3）在对质量、安全、费用、进度、职业健康和环境保护以及文明施工等监控方面协调一致；

　　（4）在处理合同变更和风险管理方面协调一致；

　　（5）在协调和处理合同相关方之间的关系等方面协调一致。

　　3　上述要求及相关内容都要体现或表述于相应的合同文本和重要的管理文件中，作为分包合同签订和管理的依据。

16.3.2　项目部应依据合同约定和企业授权，订立设计、采购、施工、试运行或其他咨询服务分包合同。

[详解]

　　1　分包范围和内容要依据工程总承包合同约定或项目需求确定，一般包括：设计分包、施工分包、采购分包、试运行分包以及其他咨询服务的分包等。

2 当项目发包人指定项目分包人时，项目承包人要对项目分包人的资质及能力进行审查（必要时考查落实）和确认。当认为不符合要求时，要及时报告项目发包人并提出建议。

16.3.3 项目部应对分包合同生效后的履行、变更、违约、索赔、争议处理、终止或收尾结束的全部活动实施监督和控制。

[详解]

项目部对分包合同管理的重点是对分包工作进行全过程的监督和控制，监督项目分包人完成分包合同约定的目标和任务。

16.3.4 分包合同管理宜包括下列主要内容：

1 明确分包合同的管理职责；

2 分包招标的准备和实施；

3 分包合同订立；

4 对分包合同实施监控；

5 分包合同变更处理；

6 分包合同争议处理；

7 分包合同索赔处理；

8 分包合同文件管理；

9 分包合同收尾。

[详解]

1 分包合同具有明显的行业和专业特征，要根据分包类别和分包的工作特点、要求来明确各类分包和管理职责。分包合同的管理职责要与工程总承包合同管理职责协调一致。

2 分包招标的准备工作，包括下列主要内容：

(1) 资源准备：主要是人力资源、费用、工作环境和条件等；

(2) 招标文件：主要是合同条件、技术要求和商务报价要求等；

(3) 资格审查：主要对分包投标人进行资格预审或考察核实；

(4) 其他准备：包括对法律、金融、保险、通讯和保密要求等方面的准备。

3 对分包合同实施监控，是为了监督项目分包人完成分包合同约定的目标和任务。所有分包合同的工作范围、内容和目标都要符合和满足工程总承包合同的工作范围、内容和目标。

4 所有分包合同的变更、争议和索赔处理，除按照分包合同中约定的程序和要求执行外，还要考虑是否与工程总承包合同相关。若与之相关，则分包合同的变更、争议和索赔处理要连同工程总承包合同的变更、争议和索赔处理综合考虑。

5 分包合同文件管理的要求和规定与工程总承包合同文件管理一致。

6 分包合同收尾工作与工程总承包合同收尾工作保持一致。

16.3.5 项目部应依据合同约定，明确分包类别及职责，组织订立分包合同，协调和监督分包合同的履行。

[详解]

1　项目部需明确各类分包合同管理的职责。各类分包合同管理的职责如下：

（1）设计：依据合同约定和要求，明确设计分包的职责范围，订立设计分包合同，协调和监督合同履行，确保设计目标和任务的实现；

（2）采购：依据合同约定和要求，明确采购和服务的范围，订立采购分包合同，监督合同的履行，完成项目采购的目标和任务；

（3）施工：依据合同约定和要求，在明确施工和服务职责范围的基础上，订立施工分包合同，监督和协调合同的履行，完成施工的目标和任务；

（4）其他咨询服务：根据合同的需要，明确服务的职责范围，签订分包合同或协议，监督和协调分包合同或协议的履行，完成规定的目标和任务；

2　项目部对所有分包合同的管理职责，均与总承包合同管理职责协调一致，同时还需履行分包合同约定的项目承包人的责任和义务，并做好与项目分包人的配合与协调，提供必要的方便条件。

16.3.6　项目部可根据工程总承包项目的范围、内容、要求和资源状况等进行分包，分包方式根据项目实际情况确定。

[详解]

1　项目部可根据工程总承包项目的范围、内容、要求和资源状况等进行分包，分包方式根据项目实际情况确定。如果采用招标方式，其主要内容和程序需符合下列要求：

（1）项目部需做好分包工程招标的准备工作，内容包括：

1）依据合同约定和项目计划要求，制定分包招标计划，落实需要的资源配置；

2）确定招标方式；

3）组织编制招标文件；

4）组建评标、谈判组织；

5）其他有关招标准备工作。

（2）按照计划组织实施招标活动，内容包括：

1）按照规定的招标方式发布通告或邀请函；

2）对投标人进行资格预审或审查，确定合格投标人，发售招标文件；

3）组织招标文件的澄清；

4）接受合格投标人的投标书，并组织开标；

5）组织评标、决标；

6）发出中标通知书。

2　根据项目分包招标方式，在组织评标过程中，可设置对投标文件招标人质疑、面试和投标人澄清等活动。

3　项目的分包与项目部的成本控制、资源配置和管理能力相关。因此项目部在进行分包策划时，要以确保工程总承包合同的目标为基准，结合可配置资源和控制预算，以及项目部的管理能力综合考虑。

16.3.7 项目承包人与项目分包人应订立分包合同。

[详解]

1 分包合同需要采用书面形式订立。

2 分包合同的订立要满足下列原则和要求：

（1）合同当事人的法律地位平等，任何一方不得将自己的意志强加给另一方；

（2）当事人依法享有自愿订立合同的权利，任何单位和个人不得非法干预；

（3）当事人确定各方的权利和义务要遵循公平原则；

（4）当事人行使权利，履行义务要遵循诚实信用原则；

（5）当事人要遵守法律、行政法规和社会公德，不得扰乱社会经济秩序，不得损害社会公共利益。

16.3.8 项目部应按下列规定组织分包合同谈判：

1 应明确谈判方针和策略，制定谈判工作计划；

2 应按计划做好谈判准备工作；

3 应明确谈判的主要内容，并按计划组织实施。

[详解]

制定谈判工作计划，包括下列主要内容：

（1）分析和明确分包合同内容及条款的重点问题；

（2）准备和熟悉与谈判相关的资料，包括项目分包人的情况；

（3）分包合同谈判的优势和劣势的分析；

（4）制定谈判的策略和方式；

（5）谈判结果的预判和应对措施的制定；

（6）谈判人员的组织，包括技术、商务和法务人员等。

16.3.9 项目部应组织分包合同的评审，确定最终的合同文本，按工程总承包企业规定或经授权订立分包合同。

[详解]

1 项目部要根据工程总承包企业合同管理制度制定分包合同评审程序，并按照分包合同管理职责和评审程序组织对分包合同的评审。

2 分包合同还要根据工程总承包企业规定报企业合同管理部门评审或经授权订立。

16.3.10 分包合同文件组成及其优先次序应包括下列内容：

1 协议书；

2 中标通知书；

3 专用条款；

4 通用条款；

5 投标书和构成合同组成部分的其他文件；

6 招标文件。

［详解］

对于合同组成部分的其他文件，要在招标文件中细化说明。

16.3.11　分包合同履行的管理应符合下列规定：

1　项目部应依据合同约定，对项目分包人的合同履行进行监督和管理，并履行约定的责任和义务；

2　合同管理人员应对分包合同确定的目标实行跟踪监督和动态管理；

3　在分包合同履行过程中，项目分包人应向项目承包人负责。

［详解］

1　项目部对项目分包人的合同履行进行监督和管理，包括下列主要内容：

（1）对项目分包人的各项计划方案进行评审，审核计划方案对分包合同履行的符合性和适宜性，以及可操作性；

（2）对分包合同履行过程与计划方案的偏差情况实施监控和管理，以防偏离分包合同的目标；

（3）对合同约定目标的监控，包括阶段性的目标和最终目标的监控。监控各阶段产品和服务目标的完成和实现，并保证最终产品和服务目标任务的完成和实现。

2　对分包合同实行跟踪监督和动态管理。在管理过程中进行分析和预测，是预防分包合同在履行过程产生偏差，或及时发现偏差及时调整纠正的管理方式，这样能及时提出和协调解决影响合同履行的问题，避免或减少质量、安全、费用、进度、职业健康和环境保护等方面的风险，同时有利于维护双方利益。

16.3.12　项目部应按合同变更程序进行分包合同变更管理，根据分包合同变更的内容和对分包的要求，预测相关费用和进度，并实施和控制。分包合同变更应成为分包合同的组成部分。对于合同变更，项目部应按规定向工程总承包企业合同管理部门报告。

［详解］

1　分包合同变更有下列两种情况：

（1）项目部根据项目情况和需要，向项目分包人发出书面指令或通知，要求对分包范围和内容进行变更，经双方评审并确认后构成分包合同变更，按照变更程序处理；

（2）项目部接受项目分包人书面的合理化建议，对其在技术性能、质量、安全维护、费用、进度和操作运行等方面的作用及产生的影响进行澄清和评审，确认后，构成分包合同变更，按照变更程序处理。

2　项目部要求的变更在变更指令和通知发出前，要对变更范围和内容所需要的工期和费用做出测算，对变更实施的工作环境的影响做出评估。

3　分包合同变更作为分包合同的组成部分，要按照合同管理的程序和要求实施管理。

16.3.13　分包合同变更应按下列程序进行：

1　综合评估分包变更实施方案对项目质量、安全、费用和进度等的影响；

2　根据评估意见调整或完善后的实施方案，报项目经理审查并按工程总承包企业合同管理程序审批；

3　进行沟通和谈判，签订分包变更合同或协议；

4　监控变更合同或协议的实施。

[详解]

1　分包变更合同或协议，要保持与原分包合同中责任和义务，以及相应条款包括争议、索赔和文件管理要求等的一致性。

2　变更合同或协议的实施要按照分包合同履行要求进行管理和监督。

16.3.14　分包合同收尾应符合下列规定：

1　项目部应按分包合同约定程序和要求进行分包合同的收尾；

2　合同管理人员应对分包合同约定目标进行核查和验证，当确认已完成缺陷修补并达标时，进行分包合同的最终结算和关闭分包合同的工作；

3　当分包合同关闭后应进行总结评价工作，包括对分包合同订立、履行及其相关效果的评价。

[详解]

1　分包合同收尾纳入整个项目合同收尾范畴。

2　原则上，对分包合同的最终结算、关闭以及对工程总承包合同的最终结算、关闭同步进行。

3　评价结果将成为后续合同项目可借鉴的资源。通常，对分包合同结束后的总结评价工作与工程总承包合同结束后的相关工作同步进行。

第17章 项目收尾

17.1 一般规定

17.1.1 项目收尾工作应由项目经理负责。

[详解]

　　项目收尾是项目生命周期的最后阶段。项目收尾通过项目的移交或清算、项目的后评估，确认项目实施的结果是否达到了预期的要求，进一步分析项目可能带来的实际效益。考虑到项目的利益相关者在这一阶段可能会存在较大的分歧，因此做好收尾阶段的工作对于项目各个参与方来讲都是十分重要的，对项目的顺利开展和完整实施更是意义重大。

17.1.2 项目收尾工作宜包括下列主要内容：

　　1 依据合同约定，项目承包人向项目发包人移交最终产品、服务或成果；
　　2 依据合同约定，项目承包人配合项目发包人进行竣工验收；
　　3 项目结算；
　　4 项目总结；
　　5 项目资料归档；
　　6 项目剩余物资处置；
　　7 项目考核与审计；
　　8 对项目分包人及供应商的后评价。

[详解]

　　项目收尾包括合同收尾和管理收尾两部分。合同收尾就是依据合同，和项目发包人逐项核对是否完成了合同所有的要求，确定项目是否可以结束。管理收尾就是对项目成果的总结、资料归档、考核与审计及项目后评价。

17.2 竣工验收

17.2.1 项目竣工验收应由项目发包人负责。

[详解]

　　1 建设项目竣工后，项目发包人要会同工程总承包企业和工程质量监督部门，对该项目是否符合规划设计要求以及对建筑施工和设备安装质量进行全面检验，并取得竣工合格资料、数据和凭证。

2　竣工验收是建立在分阶段验收基础之上的，已经完成分阶段验收的部分工程一般在竣工验收时就不再重复验收。

17.2.2　工程项目达到竣工验收条件时，项目发包人应向负责竣工验收的单位提出竣工验收申请报告。

[详解]

1　根据建设项目的规模大小和复杂程度，整个建设项目的验收可分为初步验收和竣工验收两个阶段进行。规模较大、较复杂的建设项目，要先进行初步验收，然后进行全部建设项目的竣工验收。规模较小、较简单的建设项目，可以一次进行全部项目的竣工验收。

2　为了避免由于原始资料不完善或缺少而造成长时间无法完成竣工验收工作的情况发生，项目部在项目运行过程中要保证过程资料的完整性。

3　建设项目在竣工验收之前，由项目承包人按照国家规定，整理好文件、技术资料，向项目发包人提出交工报告，并参加由项目发包人组织的项目初步验收。

4　参加由项目发包人组织的竣工验收。

17.3　项目结算

17.3.1　项目部应依据合同约定，编制项目结算报告。

[详解]

1　项目发包人和项目承包人要在合同条款中对涉及工程价款结算的下列事项进行约定：

（1）预付工程款的数额、支付时限及抵扣方式；

（2）工程进度款的支付方式、数额及支付时限；

（3）工程施工中发生变更时，工程价款的调整方法、索赔方式、时限要求和支付方式；

（4）发生工程价款纠纷的解决方法；

（5）约定承担风险的范围、幅度以及超出约定范围和幅度的调整办法；

（6）工程竣工价款的结算与支付相关事项；

（7）安全措施费和意外伤害保险费；

（8）工期提前或延后的奖惩办法；

（9）与履行合同、支付价款相关的担保事项。

2　建设项目结算报告一般由项目承包人负责编制。

17.3.2　项目部应向项目发包人提交项目结算报告及资料，经双方确认后进行项目结算。

[详解]

1　项目承包人提交的竣工验收报告和完整的竣工资料被项目发包人认可后，项目承包人向项目发包人递交竣工结算报告和完整的竣工结算资料。项目发包人收到后，进行审查并提出修改意见，经双方协商一致后由项目承包人修正，并提交最终的竣工结算报告和最终的结算资料，作为结清竣工结算款项的依据。款项结清后，项目发包人将项目承包人提交的履约保函返还给项目承包人，项目承包人将项目发包人提交的支付保函返还给项目发包人。

2　项目发包人接到项目承包人提交的竣工结算报告和完整的竣工结算资料后，在合同约定的期限内未提出修改意见，也未予答复，视为项目发包人认可该竣工结算资料作为最终竣工结算资料。项目发包人要依据合同约定将竣工结算的款项支付给项目承包人。

3　项目发包人未依据合同约定支付竣工结算的款项，项目承包人可依据争议和裁决的合同条款解决。

4　工程竣工验收报告经项目发包人认可后，项目承包人未能向项目发包人提交竣工结算报告及完整的结算资料，造成工程竣工结算不能正常进行或工程竣工结算不能按时结清，项目发包人要求项目承包人交付工程时，项目承包人要交付；项目发包人未要求交付工程时，项目承包人要承担保管、维护和保养的费用和责任，但不包括依据合同约定已被项目发包人使用、接收的单项工程和工程的任何部分。

5　项目承包人未依据合同约定支付竣工结算的款项，项目发包人有权依据争议和裁决的合同条款解决。

17.4　项目总结

17.4.1　项目经理应组织相关人员进行项目总结并编制项目总结报告。
［详解］
项目总结报告需包括下列主要内容：
（1）项目概况及执行效果；
（2）报价及合同管理的经验和教训；
（3）项目管理工作的情况；
（4）项目的质量、安全、费用、进度的控制和管理情况；
（5）设计、采购、施工和试运行实施结果；
（6）项目管理最终数据汇总；
（7）项目管理取得的经验与教训；
（8）工作改进的建议。

17.4.2　项目部应完成项目完工报告。
［详解］
1　项目完工报告的内容包括：项目的目标及其实现程度、项目完成的工程量、项目消耗的资源、项目实施情况和主要影响因素等。
2　根据企业具体情况，项目总结报告也可与项目完工报告合二为一。

17.5 考核与审计

17.5.1 工程总承包企业应依据项目管理目标责任书对项目部进行考核。

17.5.2 项目部应依据项目绩效考核和奖惩制度对项目团队成员进行考核。

17.5.3 项目部应依据工程总承包企业对项目分包人及供应商的管理规定对项目分包人及供应商进行后评价。

[详解]

    1 在项目收尾阶段，项目部对本项目合作的设计分包商、施工分包商和设备材料供应商的表现进行评价并反馈给企业相关部门，以方便企业其他项目借鉴本项目的经验、教训。

    2 对于能力不满足或者工作不配合的设计分包商、施工分包商和设备材料供应商，项目部要建议工程总承包企业根据相关规定进行处置。

17.5.4 项目部应依据工程总承包企业有关规定配合项目审计。

[详解]

    1 工程总承包企业可以在项目过程中和项目结束时进行审计。

    2 项目部要配合项目审计工作。

附录

中华人民共和国国家标准

建设项目工程总承包管理规范

Code for management of engineering
procurement construction（EPC）projects

GB/T 50358—2017

主编部门：中华人民共和国住房和城乡建设部
批准部门：中华人民共和国住房和城乡建设部
施行日期：2018 年 1 月 1 日

中国建筑工业出版社
2017　北　京

中华人民共和国住房和城乡建设部
公　告

第 1535 号

住房城乡建设部关于发布国家标准
《建设项目工程总承包管理规范》的公告

现批准《建设项目工程总承包管理规范》为国家标准，编号为 GB/T 50358—2017，自 2018 年 1 月 1 日起实施。原国家标准《建设项目工程总承包管理规范》GB/T 50358—2005 同时废止。

本规范由我部标准定额研究所组织中国建筑工业出版社出版发行。

中华人民共和国住房和城乡建设部
2017 年 5 月 4 日

前　言

根据住房和城乡建设部《关于印发〈2014 年工程建设标准规范制订、修订计划〉的通知》(建标〔2013〕169 号)的要求，规范编制组经广泛调查研究，认真总结实践经验，参考有关国际标准和国外先进标准，并在广泛征求意见的基础上，编制了本规范。

本规范的主要技术内容是：1. 总则；2. 术语；3. 工程总承包管理的组织；4. 项目策划；5. 项目设计管理；6. 项目采购管理；7. 项目施工管理；8. 项目试运行管理；9. 项目风险管理；10. 项目进度管理；11. 项目质量管理；12. 项目费用管理；13. 项目安全、职业健康与环境管理；14. 项目资源管理；15. 项目沟通与信息管理；16. 项目合同管理；17. 项目收尾。

本规范修订的主要技术内容是：1. 删除了原规范"工程总承包管理内容与程序"一章，其内容并入相关章节条文说明；2. 新增加了"项目风险管理"、"项目收尾"两章；3. 将原规范相关章节的变更管理统一归集到项目合同管理一章。

本规范由住房和城乡建设部负责管理，由中国勘察设计协会负责具体技术内容的解释。执行过程中如有意见或建议，请寄送中国勘察设计协会(地址：北京市朝阳区安立路 60 号润枫德尚 A 座 13 层，邮政编码：100101)。

本 规 范 主 编 单 位：中国勘察设计协会

本 规 范 参 编 单 位：中国寰球工程有限公司

中国石化工程建设有限公司

中冶京诚工程技术有限公司

中国天辰工程有限公司

中国石油天然气管道工程有限公司

中国成达工程有限公司

中国海诚工程科技股份有限公司

中冶赛迪工程技术股份有限公司

华北电力设计院工程有限公司

天津大学

同济大学

中国联合工程公司

中国恩菲工程技术有限公司

中铁第四勘察设计院集团有限公司

中国石油工程建设公司

中国电子工程设计院

大地工程开发（集团）有限公司

中国建筑股份有限公司

北京城建集团有限责任公司

本规范主要起草人员：荣世立　李　森　张秀东　曹　钢

王春光　李超建　李　健　齐福海

马云杰　周可为　张　志　张水波

乐　云　闻振华　王国九　周全能

王　瑞　姜玉勤　刁心钦　李　君

孙复斌　陈勇华　李宝丹　戚晓曦

本规范主要审查人员：徐赤农　李智高　袁宗喜　夏　吴

王　琳　尤　完　贾宏俊　徐文刚

朱晓泉　张卫国　万网胜　沈怀国

康世卿

目　　次

Contents

1 总　　则

1.0.1　为提高建设项目工程总承包管理水平，促进建设项目工程总承包管理的规范化，推进建设项目工程总承包管理与国际接轨，制定本规范。

1.0.2　本规范适用于工程总承包企业和项目组织对建设项目的设计、采购、施工和试运行全过程的管理。

1.0.3　建设项目工程总承包管理除应符合本规范外，尚应符合国家现行有关标准的规定。

2 术 语

2.0.1 工程总承包 engineering procurement construction（EPC）contracting/design-build contracting

依据合同约定对建设项目的设计、采购、施工和试运行实行全过程或若干阶段的承包。

2.0.2 项目部 project management team

在工程总承包企业法定代表人授权和支持下，为实现项目目标，由项目经理组建并领导的项目管理组织。

2.0.3 项目管理 project management

在项目实施过程中对项目的各方面进行策划、组织、监测和控制，并把项目管理知识、技能、工具和技术应用于项目活动中，以达到项目目标的全部活动。

2.0.4 项目管理体系 project management system

为实现项目目标，保证项目管理质量而建立的，由项目管理各要素组成的有机整体。通常包括组织机构、职责、资源、过程、程序和方法。项目管理体系应形成文件。

2.0.5 项目启动 project initiating

正式批准一个项目成立并委托实施的活动。由工程总承包企业在合同条件下任命项目经理、组建项目部。

2.0.6 项目管理计划 project management plan

项目管理计划是一个全面集成、综合协调项目各方面的影响和要求的整体计划，是指导整个项目实施和管理的依据。

2.0.7 项目实施计划 project execution plan

依据合同和经批准的项目管理计划进行编制并用于对项目实施进行管理和控制的文件。

2.0.8 赢得值 earned value

已完工作的预算费用（budgeted cost for work performed），用以度量项目进展完成状态的尺度。赢得值具有反映进度和费用的双重特性。

2.0.9 项目实施 project executing

执行项目计划的过程。项目预算的绝大部分将在执行本过程中消耗，并逐渐形成项目产品。

2.0.10 项目控制 project control

通过定期测量和监控项目进展情况，确定实际值与计划基准值的偏差，并采取适当的纠正措施，确保项目目标的实现。

2.0.11 项目收尾 project close-out

项目被正式接收并达到有序的结束。项目收尾包括合同收尾和项目管理收尾。

2.0.12 设计 engineering

将项目发包人要求转化为项目产品描述的过程。即按合同要求编制建设项目设计文件的过程。

2.0.13 采购 procurement

为完成项目而从执行组织外部获取设备、材料和服务的过程。包括采买、催交、检验和运输的过程。

2.0.14 施工 construction

把设计文件转化为项目产品的过程，包括建筑、安装、竣工试验等作业。

2.0.15 试运行 commissioning

依据合同约定，在工程完成竣工试验后，由项目发包人或项目承包人组织进行的包括合同目标考核验收在内的全部试验。

2.0.16 项目范围管理 project scope management

对合同中约定的项目工作范围进行的定义、计划、控制和变更等活动。

2.0.17 项目进度控制 project schedule control

根据进度计划，对进度及其偏差进行测量、分析和预测，必要时采取纠正措施或进行进度计划变更的管理。

2.0.18 项目费用管理 project cost management

保证项目在批准的预算内完成所需的过程。它主要涉及资源计划、费用估算、费用预算和费用控制等。

2.0.19 项目费用控制 project cost control

以费用预算计划为基准，对费用及其偏差进行测量、分析和预测，必要时采取纠正措施或进行费用预算（基准）计划变更管理。

2.0.20 项目质量计划 project quality plan

依据合同约定的质量标准，提出如何满足这些标准，并由谁及何时应使用哪些程序和相关资源。

2.0.21 项目质量控制 project quality control

为使项目的产品质量符合要求，在项目的实施过程中，对项目质量的实际情况进行监督，判断其是否符合相关的质量标准，并分析产生质量问题的原因，从而制定出相应的措施，确保项目质量持续改进。

2.0.22 项目人力资源管理 project human resource management

通过组织策划、人员获得、团队开发等过程，使参加项目的人员能够被最有效地使用。

2.0.23 项目信息管理 project information management

对项目信息的收集、整理、分析、处理、存储、传递与使用等活动。

2.0.24 项目风险 project risk

由于项目所处的环境和条件的不确定性以及受项目干系人主观上不能准确预见或控制等因素的影响，使项目的最终结果与项目干系人的期望产生偏离，并给项目干系人带来损失的可能性。

2.0.25 项目风险管理 project risk management

对项目风险进行识别、分析、应对和监控的过程。包括把正面事件的影响概率扩展到最大，把负面事件的影响概率减少到最小。

2.0.26 项目安全管理 project safety management

对项目实施全过程的安全因素进行管理。包括制定安全方针和目标，对项目实施过程中与人、物和环境安全有关的因素进行策划和控制。

2.0.27 项目职业健康管理 project occupational health management

对项目实施全过程的职业健康因素进行管理。包括制定职业健康方针和目标，对项目的职业健康进行策划和控制。

2.0.28 项目环境管理 project environmental management

在项目实施过程中，对可能造成环境影响的因素进行分析、预测和评价，提出预防或减轻不良环境影响的对策和措施，并进行跟踪和监测。

2.0.29 工程总承包合同 EPC contract

项目承包人与项目发包人签订的对建设项目的设计、采购、施工和试运行实行全过程或若干阶段承包的合同。

2.0.30 采购合同 procurement contract

项目承包人与供应商签订的供货合同。采购合同可称为采买订单。

2.0.31 分包合同 subcontract

项目承包人与项目分包人签订的合同。

2.0.32 缺陷责任期 defects notification period

从合同约定的交工日期算起，项目发包人有权通知项目承包人修复工程存在缺陷的期限。

2.0.33 保修期 maintenance period

项目承包人依据合同约定，对产品因质量问题而出现的故障提供免费维修及保养的时间段。

3 工程总承包管理的组织

3.1 一般规定

3.1.1 工程总承包企业应建立与工程总承包项目相适应的项目管理组织，并行使项目管理职能，实行项目经理负责制。

3.1.2 工程总承包企业宜采用项目管理目标责任书的形式，并明确项目目标和项目经理的职责、权限和利益。

3.1.3 项目经理应根据工程总承包企业法定代表人授权的范围、时间和项目管理目标责任书中规定的内容，对工程总承包项目，自项目启动至项目收尾，实行全过程管理。

3.1.4 工程总承包企业承担建设项目工程总承包，宜采用矩阵式管理。项目部应由项目经理领导，并接受工程总承包企业职能部门指导、监督、检查和考核。

3.1.5 项目部在项目收尾完成后应由工程总承包企业批准解散。

3.2 任命项目经理和组建项目部

3.2.1 工程总承包企业应在工程总承包合同生效后，任命项目经理，并由工程总承包企业法定代表人签发书面授权委托书。

3.2.2 项目部的设立应包括下列主要内容：

    1 根据工程总承包企业管理规定，结合项目特点，确定组织形式，组建项目部，确定项目部的职能；

    2 根据工程总承包合同和企业有关管理规定，确定项目部的管理范围和任务；

    3 确定项目部的组成人员、职责和权限；

    4 工程总承包企业与项目经理签订项目管理目标责任书。

3.2.3 项目部的人员配置和管理规定应满足工程总承包项目管理的需要。

3.3 项目部职能

3.3.1 项目部应具有工程总承包项目组织实施和控制职能。

3.3.2 项目部应对项目质量、安全、费用、进度、职业健康和环境保护目标负责。

3.3.3 项目部应具有内外部沟通协调管理职能。

3.4 项目部岗位设置及管理

3.4.1 根据工程总承包合同范围和工程总承包企业的有关管理规定，项目部可在项目经理以下设置控制经理、设计经理、采购经理、施工经理、试运行经理、财务经理、质量经理、安全经理、商务经理、行政经理等职能经理和进度控制工程师、质量工程师、安全工程师、合同管理工程师、费用估算师、费用控制工程师、材料控制工程师、信息管理工程师和文件管理控制工程师等管理岗位。根据项目具体情况，相关岗位可进行调整。

3.4.2 项目部应明确所设置岗位职责。

3.5 项目经理能力要求

3.5.1 工程总承包企业应明确项目经理的能力要求，确认项目经理任职资格，并进行管理。

3.5.2 工程总承包项目经理应具备下列条件：

    1 取得工程建设类注册执业资格或高级专业技术职称；

    2 具备决策、组织、领导和沟通能力，能正确处理和协调与项目发包人、项目相关方之间及企业内部各专业、各部门之间的关系；

    3 具有工程总承包项目管理及相关的经济、法律法规和标准化知识；

    4 具有类似项目的管理经验；

    5 具有良好的信誉。

3.6 项目经理的职责和权限

3.6.1 项目经理应履行下列职责：

    1 执行工程总承包企业的管理制度，维护企业的合法权益；

    2 代表企业组织实施工程总承包项目管理，对实现合同约定的项目目标负责；

    3 完成项目管理目标责任书规定的任务；

    4 在授权范围内负责与项目干系人的协调，解决项目实施中出现的问题；

    5 对项目实施全过程进行策划、组织、协调和控制；

    6 负责组织项目的管理收尾和合同收尾工作。

3.6.2 项目经理应具有下列权限：

    1 经授权组建项目部，提出项目部的组织机构，选用项目部成员，确定岗位人员职责；

    2 在授权范围内，行使相应的管理权，履行相应的职责；

    3 在合同范围内，按规定程序使用工程总承包企业的相关资源；

    4 批准发布项目管理程序；

    5 协调和处理与项目有关的内外部事项。

3.6.3 项目管理目标责任书宜包括下列主要内容：

    1 规定项目质量、安全、费用、进度、职业健康和环境保护目标等；

2 明确项目经理的责任、权限和利益；

3 明确项目所需资源及工程总承包企业为项目提供的资源条件；

4 项目管理目标评价的原则、内容和方法；

5 工程总承包企业对项目部人员进行奖惩的依据、标准和规定；

6 项目经理解职和项目部解散的条件及方式；

7 在工程总承包企业制度规定以外的、由企业法定代表人向项目经理委托的事项。

4 项 目 策 划

4.1 一 般 规 定

4.1.1 项目部应在项目初始阶段开展项目策划工作，并编制项目管理计划和项目实施计划。

4.1.2 项目策划应结合项目特点，根据合同和工程总承包企业管理的要求，明确项目目标和工作范围，分析项目风险以及采取的应对措施，确定项目各项管理原则、措施和进程。

4.1.3 项目策划的范围宜涵盖项目活动的全过程所涉及的全要素。

4.1.4 根据项目的规模和特点，可将项目管理计划和项目实施计划合并编制为项目计划。

4.2 策 划 内 容

4.2.1 项目策划应满足合同要求。同时应符合工程所在地对社会环境、依托条件、项目干系人需求以及项目对技术、质量、安全、费用、进度、职业健康、环境保护、相关政策和法律法规等方面的要求。

4.2.2 项目策划应包括下列主要内容：

    1 明确项目策划原则；

    2 明确项目技术、质量、安全、费用、进度、职业健康和环境保护等目标，并制定相关管理程序；

    3 确定项目的管理模式、组织机构和职责分工；

    4 制定资源配置计划；

    5 制定项目协调程序；

    6 制定风险管理计划；

    7 制定分包计划。

4.3 项目管理计划

4.3.1 项目管理计划应由项目经理组织编制，并由工程总承包企业相关负责人审批。

4.3.2 项目管理计划编制的主要依据应包括下列主要内容：

    1 项目合同；

2 项目发包人和其他项目干系人的要求；

3 项目情况和实施条件；

4 项目发包人提供的信息和资料；

5 相关市场信息；

6 工程总承包企业管理层的总体要求。

4.3.3 项目管理计划应包括下列主要内容：

1 项目概况；

2 项目范围；

3 项目管理目标；

4 项目实施条件分析；

5 项目的管理模式、组织机构和职责分工；

6 项目实施的基本原则；

7 项目协调程序；

8 项目的资源配置计划；

9 项目风险分析与对策；

10 合同管理。

4.4 项目实施计划

4.4.1 项目实施计划应由项目经理组织编制，并经项目发包人认可。

4.4.2 项目实施计划的编制依据应包括下列主要内容：

1 批准后的项目管理计划；

2 项目管理目标责任书；

3 项目的基础资料。

4.4.3 项目实施计划应包括下列主要内容：

1 概述；

2 总体实施方案；

3 项目实施要点；

4 项目初步进度计划等。

4.4.4 项目实施计划的管理应符合下列规定：

1 项目实施计划应由项目经理签署，并经项目发包人认可；

2 项目发包人对项目实施计划提出异议时，经协商后可由项目经理主持修改；

3 项目部应对项目实施计划的执行情况进行动态监控；

4 项目结束后，项目部应对项目实施计划的编制和执行进行分析和评价，并把相关活动结果的证据整理归档。

5 项目设计管理

5.1 一般规定

5.1.1 工程总承包项目的设计应由具备相应设计资质和能力的企业承担。

5.1.2 设计应满足合同约定的技术性能、质量标准和工程的可施工性、可操作性及可维修性的要求。

5.1.3 设计管理应由设计经理负责，并适时组建项目设计组。在项目实施过程中，设计经理应接受项目经理和工程总承包企业设计管理部门的管理。

5.1.4 工程总承包项目应将采购纳入设计程序。设计组应负责请购文件的编制、报价技术评审和技术谈判、供应商图纸资料的审查和确认等工作。

5.2 设计执行计划

5.2.1 设计执行计划应由设计经理或项目经理负责组织编制，经工程总承包企业有关职能部门评审后，由项目经理批准实施。

5.2.2 设计执行计划编制的依据应包括下列主要内容：

1 合同文件；

2 本项目的有关批准文件；

3 项目计划；

4 项目的具体特性；

5 国家或行业的有关规定和要求；

6 工程总承包企业管理体系的有关要求。

5.2.3 设计执行计划宜包括下列主要内容：

1 设计依据；

2 设计范围；

3 设计的原则和要求；

4 组织机构及职责分工；

5 适用的标准规范清单；

6 质量保证程序和要求；

7 进度计划和主要控制点；

8 技术经济要求；

9 安全、职业健康和环境保护要求；

10 与采购、施工和试运行的接口关系及要求。

5.2.4 设计执行计划应满足合同约定的质量目标和要求，同时应符合工程总承包企业的质量管理体系要求。

5.2.5 设计执行计划应明确项目费用控制指标、设计人工时指标，并宜建立项目设计执行效果测量基准。

5.2.6 设计进度计划应符合项目总进度计划的要求，满足设计工作的内部逻辑关系及资源分配、外部约束等条件，与工程勘察、采购、施工和试运行的进度协调一致。

5.3 设 计 实 施

5.3.1 设计组应执行已批准的设计执行计划，满足计划控制目标的要求。

5.3.2 设计经理应组织对设计基础数据和资料进行检查和验证。

5.3.3 设计组应按项目协调程序，对设计进行协调管理，并按工程总承包企业有关专业条件管理规定，协调和控制各专业之间的接口关系。

5.3.4 设计组应按项目设计评审程序和计划进行设计评审，并保存评审活动结果的证据。

5.3.5 设计组应按设计执行计划与采购和施工等进行有序的衔接并处理好接口关系。

5.3.6 初步设计文件应满足主要设备、材料订货和编制施工图设计文件的需要；施工图设计文件应满足设备、材料采购，非标准设备制作和施工以及试运行的需要。

5.3.7 设计选用的设备、材料，应在设计文件中注明其规格、型号、性能、数量等技术指标，其质量要求应符合合同要求和国家现行相关标准的有关规定。

5.3.8 在施工前，项目部应组织设计交底或培训。

5.3.9 设计组应依据合同约定，承担施工和试运行阶段的技术支持和服务。

5.4 设 计 控 制

5.4.1 设计经理应组织检查设计执行计划的执行情况，分析进度偏差，制定有效措施。设计进度的控制点应包括下列主要内容：

1 设计各专业间的条件关系及其进度；

2 初步设计完成和提交时间；

3 关键设备和材料请购文件的提交时间；

4 设计组收到设备、材料供应商最终技术资料的时间；

5 进度关键线路上的设计文件提交时间；

6 施工图设计完成和提交时间；

7 设计工作结束时间。

5.4.2 设计质量应按项目质量管理体系要求进行控制，制定控制措施。设计经理及各专业负责人应填写规定的质量记录，并向工程总承包企业职能部门反馈项目设计质量信息。设计质量控制点应包括下列主要内容：

    1 设计人员资格的管理；

    2 设计输入的控制；

    3 设计策划的控制；

    4 设计技术方案的评审；

    5 设计文件的校审与会签；

    6 设计输出的控制；

    7 设计确认的控制；

    8 设计变更的控制；

    9 设计技术支持和服务的控制。

5.4.3 设计组应按合同变更程序进行设计变更管理。

5.4.4 设计变更应对技术、质量、安全和材料数量等提出要求。

5.4.5 设计组应按设备、材料控制程序，统计设备、材料数量，并提出请购文件。请购文件应包括下列主要内容：

    1 请购单；

    2 设备材料规格书和数据表；

    3 设计图纸；

    4 适用的标准规范；

    5 其他有关的资料和文件。

5.4.6 设计经理及各专业负责人应配合控制人员进行设计费用进度综合检测和趋势预测，分析偏差原因，提出纠正措施。

5.5　设　计　收　尾

5.5.1 设计经理及各专业负责人应根据设计执行计划的要求，除应按合同要求提交设计文件外，尚应完成为关闭合同所需要的相关文件。

5.5.2 设计经理及各专业负责人应根据项目文件管理规定，收集、整理设计图纸、资料和有关记录，组织编制项目设计文件总目录并存档。

5.5.3 设计经理应组织编制设计完工报告，并参与项目完工报告的编制工作，将项目设计的经验与教训反馈给工程总承包企业有关职能部门。

6 项目采购管理

6.1 一般规定

6.1.1 项目采购管理应由采购经理负责，并适时组建项目采购组。在项目实施过程中，采购经理应接受项目经理和工程总承包企业采购管理部门的管理。

6.1.2 采购工作应按项目的技术、质量、安全、进度和费用要求，获得所需的设备、材料及有关服务。

6.1.3 工程总承包企业宜对供应商进行资格预审。

6.2 采购工作程序

6.2.1 采购工作应按下列程序实施：
1 根据项目采购策划，编制项目采购执行计划；
2 采买；
3 对所订购的设备、材料及其图纸、资料进行催交；
4 依据合同约定进行检验；
5 运输与交付；
6 仓储管理；
7 现场服务管理；
8 采购收尾。

6.2.2 采购组可根据采购工作的需要对采购工作程序及其内容进行调整，并应符合项目合同要求。

6.3 采购执行计划

6.3.1 采购执行计划应由采购经理负责组织编制，并经项目经理批准后实施。

6.3.2 采购执行计划编制的依据应包括下列主要内容：
1 项目合同；
2 项目管理计划和项目实施计划；
3 项目进度计划；
4 工程总承包企业有关采购管理程序和规定。

6.3.3 采购执行计划应包括下列主要内容：

1 编制依据；

　　2 项目概况；

　　3 采购原则包括标包划分策略及管理原则，技术、质量、安全、费用和进度控制原则，设备、材料分交原则等；

　　4 采购工作范围和内容；

　　5 采购岗位设置及其主要职责；

　　6 采购进度的主要控制目标和要求，长周期设备和特殊材料专项采购执行计划；

　　7 催交、检验、运输和材料控制计划；

　　8 采购费用控制的主要目标、要求和措施；

　　9 采购质量控制的主要目标、要求和措施；

　　10 采购协调程序；

　　11 特殊采购事项的处理原则；

　　12 现场采购管理要求。

6.3.4 采购组应按采购执行计划开展工作。采购经理应对采购执行计划的实施进行管理和监控。

6.4 采　　买

6.4.1 采买工作应包括接收请购文件、确定采买方式、实施采买和签订采购合同或订单等内容。

6.4.2 采购组应按批准的请购文件组织采买。

6.4.3 项目合格供应商应同时符合下列基本条件：

　　1 满足相应的资质要求；

　　2 有能力满足产品设计技术要求；

　　3 有能力满足产品质量要求；

　　4 符合质量、职业健康安全和环境管理体系要求；

　　5 有良好的信誉和财务状况；

　　6 有能力保证按合同要求准时交货；

　　7 有良好的售后服务体系。

6.4.4 采买工程师应根据采购执行计划确定的采买方式实施采买。

6.4.5 根据工程总承包企业授权，可由项目经理或采购经理按规定与供应商签订采购合同或订单。采购合同或订单应完整、准确、严密、合法，宜包括下列主要内容：

　　1 采购合同或订单正文及其附件；

　　2 技术要求及其补充文件；

　　3 报价文件；

　　4 会议纪要；

　　5 涉及商务和技术内容变更所形成的书面文件。

6.5 催交与检验

6.5.1 采购经理应组织相关人员，根据设备、材料的重要性划分催交与检验等级，确定催交与检验方式和频度，制定催交与检验计划并组织实施。

6.5.2 催交方式应包括驻厂催交、办公室催交和会议催交等。

6.5.3 催交工作宜包括下列主要内容：

1 熟悉采购合同及附件；

2 根据设备、材料的催交等级，制定催交计划，明确主要检查内容和控制点；

3 要求供应商按时提供制造进度计划，并定期提供进度报告；

4 检查设备和材料制造、供应商提交图纸和资料的进度符合采购合同要求；

5 督促供应商按计划提交有效的图纸和资料供设计审查和确认，并确保经确认的图纸、资料按时返回供应商；

6 检查运输计划和货运文件的准备情况，催交合同约定的最终资料；

7 按规定编制催交状态报告。

6.5.4 依据采购合同约定，采购组应按检验计划，组织具备相应资格的检验人员，根据设计文件和标准规范的要求确定其检验方式，并进行设备、材料制造过程中以及出厂前的检验。重要、关键设备应驻厂监造。

6.5.5 对于有特殊要求的设备、材料，可与有相应资格和能力的第三方检验单位签订检验合同，委托其进行检验。采购组检验人员应依据合同约定对第三方的检验工作实施监督和控制。合同有约定时，应安排项目发包人参加相关的检验。

6.5.6 检验人员应按规定编制驻厂监造及出厂检验报告。检验报告宜包括下列主要内容：

1 合同号、受检设备、材料的名称、规格和数量；

2 供应商的名称、检验场所和起止时间；

3 各方参加人员；

4 供应商使用的检验、测量和试验设备的控制状态并应附有关记录；

5 检验记录；

6 供应商出具的质量检验报告；

7 检验结论。

6.6 运输与交付

6.6.1 采购组应依据采购合同约定的交货条件制定设备、材料运输计划并实施。计划内容宜包括运输前的准备工作、运输时间、运输方式、运输路线、人员安排和费用计划等。

6.6.2 采购组应依据采购合同约定，对包装和运输过程进行监督管理。

6.6.3 对超限和有特殊要求设备的运输，采购组应制定专项运输方案，可委托专门运输机构承担。

6.6.4 对国际运输，应依据采购合同约定、国际公约和惯例进行，做好办理报关、商检及保险等手续。

6.6.5 采购组应落实接货条件，编制卸货方案，做好现场接货工作。

6.6.6 设备、材料运至指定地点后，接收人员应对照送货单清点、签收、注明设备和材料到货状态及其完整性，并填写接收报告并归档。

6.7 采购变更管理

6.7.1 项目部应按合同变更程序进行采购变更管理。

6.7.2 根据合同变更的内容和对采购的要求，采购组应预测相关费用和进度，并应配合项目部实施和控制。

6.8 仓 储 管 理

6.8.1 项目部应在施工现场设置仓储管理人员，负责仓储管理工作。

6.8.2 设备、材料正式入库前，依据合同约定应组织开箱检验。

6.8.3 开箱检验合格的设备、材料，具备规定的入库条件，应提出入库申请，办理入库手续。

6.8.4 仓储管理工作应包括物资接收、保管、盘库和发放，以及技术档案、单据、账目和仓储安全管理等。仓储管理应建立物资动态明细台账，所有物资应注明货位、档案编号和标识码等。仓储管理员应登账并定期核对，使账物相符。

6.8.5 采购组应制定并执行物资发放制度，根据批准的领料申请单发放设备、材料，办理物资出库交接手续。

7 项目施工管理

7.1 一般规定

7.1.1 工程总承包项目的施工应由具备相应施工资质和能力的企业承担。

7.1.2 施工管理应由施工经理负责，并适时组建施工组。在项目实施过程中，施工经理应接受项目经理和工程总承包企业施工管理部门的管理。

7.2 施工执行计划

7.2.1 施工执行计划应由施工经理负责组织编制，经项目经理批准后组织实施，并报项目发包人确认。

7.2.2 施工执行计划宜包括下列主要内容：

    1 工程概况；

    2 施工组织原则；

    3 施工质量计划；

    4 施工安全、职业健康和环境保护计划；

    5 施工进度计划；

    6 施工费用计划；

    7 施工技术管理计划，包括施工技术方案要求；

    8 资源供应计划；

    9 施工准备工作要求。

7.2.3 施工采用分包时，项目发包人应在施工执行计划中明确分包范围、项目分包人的责任和义务。

7.2.4 施工组应对施工执行计划实行目标跟踪和监督管理，对施工过程中发生的工程设计和施工方案重大变更，应履行审批程序。

7.3 施工进度控制

7.3.1 施工组应根据施工执行计划组织编制施工进度计划，并组织实施和控制。

7.3.2 施工进度计划应包括施工总进度计划、单项工程进度计划和单位工程进度计划。施工总进度计划应报项目发包人确认。

7.3.3 编制施工进度计划的依据宜包括下列主要内容：

1 项目合同；

2 施工执行计划；

3 施工进度目标；

4 设计文件；

5 施工现场条件；

6 供货计划；

7 有关技术经济资料。

7.3.4 施工进度计划宜按下列程序编制：

1 收集编制依据资料；

2 确定进度控制目标；

3 计算工程量；

4 确定分部、分项、单位工程的施工期限；

5 确定施工流程；

6 形成施工进度计划；

7 编写施工进度计划说明书。

7.3.5 施工组应对施工进度建立跟踪、监督、检查和报告的管理机制。

7.3.6 施工组应检查施工进度计划中的关键路线、资源配置的执行情况，并提出施工进展报告。施工组宜采用赢得值等技术，测量施工进度，分析进度偏差，预测进度趋势，采取纠正措施。

7.3.7 施工进度计划调整时，项目部按规定程序应进行协调和确认，并保存相关记录。

7.4 施工费用控制

7.4.1 施工组应根据项目施工执行计划，估算施工费用，确定施工费用控制基准。施工费用控制基准调整时，应按规定程序审批。

7.4.2 施工组宜采用赢得值等技术，测量施工费用，分析费用偏差，预测费用趋势，采取纠正措施。

7.4.3 施工组应依据施工分包合同、安全生产管理协议和施工进度计划制定施工分包费用支付计划和管理规定。

7.5 施工质量控制

7.5.1 施工组应监督施工过程的质量，并对特殊过程和关键工序进行识别与质量控制，并应保存质量记录。

7.5.2 施工组应对供货质量按规定进行复验并保存活动结果的证据。

7.5.3 施工组应监督施工质量不合格品的处置，并验证其实施效果。

7.5.4 施工组应对所需的施工机械、装备、设施、工具和器具的配置以及使用状态进行有效性和安全性检查，必要时进行试验。操作人员应持证上岗，按操作规程作业，并在使用中做好维护和保养。

7.5.5 施工组应对施工过程的质量控制绩效进行分析和评价，明确改进目标，制定纠正措施，进行持续改进。

7.5.6 施工组应根据施工质量计划，明确施工质量标准和控制目标。

7.5.7 施工组应组织对项目分包人的施工组织设计和专项施工方案进行审查。

7.5.8 施工组应按规定组织或参加工程质量验收。

7.5.9 当实行施工分包时，项目部应依据施工分包合同约定，组织项目分包人完成并提交质量记录和竣工文件，并进行评审。

7.5.10 当施工过程中发生质量事故时，应按国家现行有关规定处理。

7.6 施工安全管理

7.6.1 项目部应建立项目安全生产责任制，明确各岗位人员的责任、责任范围和考核标准等。

7.6.2 施工组应根据项目安全管理实施计划进行施工阶段安全策划，编制施工安全计划，建立施工安全管理制度，明确安全职责，落实施工安全管理目标。

7.6.3 施工组应按安全检查制度组织现场安全检查，掌握安全信息，召开安全例会，发现和消除隐患。

7.6.4 施工组应对施工安全管理工作负责，并实行统一的协调、监督和控制。

7.6.5 施工组应对施工各阶段、部位和场所的危险源进行识别和风险分析，制定应对措施，并对其实施管理和控制。

7.6.6 依据合同约定，工程总承包企业或分包商必须依法参加工伤保险，为从业人员缴纳保险费，鼓励投保安全生产责任保险。

7.6.7 施工组应建立并保存完整的施工记录。

7.6.8 项目部应依据分包合同和安全生产管理协议的约定，明确各自的安全生产管理职责和应采取的安全措施，并指定专职安全生产管理人员进行安全生产管理与协调。

7.6.9 工程总承包企业应建立监督管理机制。监督考核项目部安全生产责任制落实情况。

7.7 施工现场管理

7.7.1 施工组应根据施工执行计划的要求，进行施工开工前的各项准备工作，并在施工过程中协调管理。

7.7.2 项目部应建立项目环境管理制度，掌握监控环境信息，采取应对措施。

7.7.3 项目部应建立和执行安全防范及治安管理制度，落实防范范围和责任，检查报警和救护系统的适应性和有效性。

7.7.4 项目部应建立施工现场卫生防疫管理制度。

7.7.5 当现场发生安全事故时，应按国家现行有关规定处理。

7.8 施工变更管理

7.8.1 项目部应按合同变更程序进行施工变更管理。

7.8.2 施工组应根据合同变更的内容和对施工的要求，对质量、安全、费用、进度、职业健康和环境保护等的影响进行评估，并应配合项目部实施和控制。

8 项目试运行管理

8.1 一般规定

8.1.1 项目部应依据合同约定进行项目试运行管理和服务。

8.1.2 项目试运行管理由试运行经理负责，并适时组建试运行组。在试运行管理和服务过程中，试运行经理应接受项目经理和工程总承包企业试运行管理部门的管理。

8.1.3 依据合同约定，试运行管理内容可包括试运行执行计划的编制、试运行准备、人员培训、试运行过程指导与服务等。

8.2 试运行执行计划

8.2.1 试运行执行计划应由试运行经理负责组织编制，经项目经理批准、项目发包人确认后组织实施。

8.2.2 试运行执行计划应包括下列主要内容：

1 总体说明；

2 组织机构；

3 进度计划；

4 资源计划；

5 费用计划；

6 培训计划；

7 考核计划；

8 质量、安全、职业健康和环境保护要求；

9 试运行文件编制要求；

10 试运行准备工作要求；

11 项目发包人和相关方的责任分工等。

8.2.3 试运行执行计划应按项目特点，安排试运行工作内容、程序和周期。

8.2.4 培训计划应依据合同约定和项目特点编制，经项目发包人批准后实施，培训计划宜包括下列主要内容：

1 培训目标；

2 培训岗位；

3 培训人员、时间安排；

4 培训与考核方式；

5 培训地点；

6 培训设备；

7 培训费用；

8 培训内容及教材等。

8.2.5 考核计划应依据合同约定的目标、考核内容和项目特点进行编制，考核计划应包括下列主要内容：

1 考核项目名称；

2 考核指标；

3 责任分工；

4 考核方式；

5 手段及方法；

6 考核时间；

7 检测或测量；

8 化验仪器设备及工机具；

9 考核结果评价及确认等。

8.3 试运行实施

8.3.1 试运行经理应依据合同约定，负责组织或协助项目发包人编制试运行方案。试运行方案宜包括下列主要内容：

1 工程概况；

2 编制依据和原则；

3 目标与采用标准；

4 试运行应具备的条件；

5 组织指挥系统；

6 试运行进度安排；

7 试运行资源配置；

8 环境保护设施投运安排；

9 安全及职业健康要求；

10 试运行预计的技术难点和采取的应对措施等。

8.3.2 项目部应配合项目发包人进行试运行前的准备工作，确保按设计文件及相关标准完成生产系统、配套系统和辅助系统的施工安装及调试工作。

8.3.3 试运行经理应按试运行执行计划和方案的要求落实相关的技术、人员和物资。

8.3.4 试运行经理应组织检查影响合同目标考核达标存在的问题，并落实解决措施。

8.3.5 合同目标考核的时间和周期应依据合同约定和考核计划执行。考核期内，全部保证值达标时，合同双方代表应分项或统一签署合同目标考核合格证书。

8.3.6 依据合同约定，培训服务的内容可包括生产管理和操作人员的理论培训、模拟培训和实际操作培训。

9 项目风险管理

9.1 一 般 规 定

9.1.1 工程总承包企业应制定风险管理规定，明确风险管理职责与要求。

9.1.2 项目部应编制项目风险管理程序，明确项目风险管理职责，负责项目风险管理的组织与协调。

9.1.3 项目部应制定项目风险管理计划，确定项目风险管理目标。

9.1.4 项目风险管理应贯穿于项目实施全过程，宜分阶段进行动态管理。

9.1.5 项目风险管理宜采用适用的方法和工具。

9.1.6 工程总承包企业通过汇总已发生的项目风险事件，可建立并完善项目风险数据库和项目风险损失事件库。

9.2 风 险 识 别

9.2.1 项目部应在项目策划的基础上，依据合同约定对设计、采购、施工和试运行阶段的风险进行识别，形成项目风险识别清单，输出项目风险识别结果。

9.2.2 项目风险识别过程宜包括下列主要内容：

 1 识别项目风险；

 2 对项目风险进行分类；

 3 输出项目风险识别结果。

9.3 风 险 评 估

9.3.1 项目部应在项目风险识别的基础上进行项目风险评估，并应输出评估结果。

9.3.2 项目风险评估过程宜包括下列主要内容：

 1 收集项目风险背景信息；

 2 确定项目风险评估标准；

 3 分析项目风险发生的几率和原因，推测产生的后果；

 4 采用适用的风险评价方法确定项目整体风险水平；

 5 采用适用的风险评价工具分析项目各风险之间的相互关系，确定项目重大风险；

 6 对项目风险进行对比和排序；

7 输出项目风险的评估结果。

9.4　风　险　控　制

9.4.1　项目部应根据项目风险识别和评估结果，制定项目风险应对措施或专项方案。对项目重大风险应制定应急预案。

9.4.2　项目风险控制过程宜包括下列主要内容：

1　确定项目风险控制指标；

2　选择适用的风险控制方法和工具；

3　对风险进行动态监测，并更新风险防范级别；

4　识别和评估新的风险，提出应对措施和方法；

5　风险预警；

6　组织实施应对措施、专项方案或应急预案；

7　评估和统计风险损失。

9.4.3　项目部应对项目风险管理实施动态跟踪和监控。

9.4.4　项目部应对项目风险控制效果进行评估和持续改进。

10 项目进度管理

10.1 一般规定

10.1.1 项目部应建立项目进度管理体系，按合理交叉、相互协调、资源优化的原则，对项目进度进行控制管理。

10.1.2 项目部应对进度控制、费用控制和质量控制等进行协调管理。

10.1.3 项目进度管理应按项目工作分解结构逐级管理。项目进度控制宜采用赢得值管理、网络计划和信息技术。

10.2 进度计划

10.2.1 项目进度计划应按合同要求的工作范围和进度目标，制定工作分解结构并编制进度计划。

10.2.2 项目进度计划文件应包括进度计划图表和编制说明。

10.2.3 项目总进度计划应依据合同约定的工作范围和进度目标进行编制。项目分进度计划在总进度计划的约束条件下，根据细分的活动内容、活动逻辑关系和资源条件进行编制。

10.2.4 项目分进度计划应在控制经理协调下，由设计经理、采购经理、施工经理和试运行经理组织编制，并由项目经理审批。

10.3 进度控制

10.3.1 项目实施过程中，项目控制人员应对进度实施情况进行跟踪、数据采集，并应根据进度计划，优化资源配置，采用检查、比较、分析和纠偏等方法和措施，对计划进行动态控制。

10.3.2 进度控制应按检查、比较、分析和纠偏的步骤进行，并应符合下列规定：

　　1 应对工程项目进度执行情况进行跟踪和检测，采集相关数据；

　　2 应对进度计划实际值与基准值进行比较，发现进度偏差；

　　3 应对比较的结果进行分析，确定偏差幅度、偏差产生的原因及对项目进度目标的影响程度；

　　4 应根据工程的具体情况和偏差分析结果，预测整个项目的进度发展趋势，对可能的进度延迟进行预警，提出纠偏建议，采取适当的措施，使进度控制在允许的偏差范围内。

10.3.3 进度偏差分析应按下列程序进行：

1 采用赢得值管理技术分析进度偏差；

2 运用网络计划技术分析进度偏差对进度的影响，并应关注关键路径上各项活动的时间偏差。

10.3.4 项目部应定期发布项目进度执行报告。

10.3.5 项目部应按合同变更程序进行计划工期的变更管理，根据合同变更的内容和对计划工期、费用的要求，预测计划工期的变更对质量、安全、职业健康和环境保护等的影响，并实施和控制。

10.3.6 当项目活动进度拖延时，项目计划工期的变更应符合下列规定：

1 该项活动负责人应提出活动推迟的时间和推迟原因的报告；

2 项目进度管理人员应系统分析该活动进度的推迟对计划工期的影响；

3 项目进度管理人员应向项目经理报告处理意见，并转发给费用管理人员和质量管理人员；

4 项目经理应综合各方面意见作出修改计划工期的决定；

5 修改的计划工期大于合同工期时，应报项目发包人确认并按合同变更处理。

10.3.7 项目部应根据项目进度计划对设计、采购、施工和试运行之间的接口关系进行重点监控。

10.3.8 项目部应根据项目进度计划对分包工程项目进度进行控制。

11 项目质量管理

11.1 一般规定

11.1.1 工程总承包企业应按质量管理体系要求，规范工程总承包项目的质量管理。

11.1.2 项目质量管理应贯穿项目管理的全过程，按策划、实施、检查、处置循环的工作方法进行全过程的质量控制。

11.1.3 项目部应设专职质量管理人员，负责项目的质量管理工作。

11.1.4 项目质量管理应按下列程序进行：

   1 明确项目质量目标；

   2 建立项目质量管理体系；

   3 实施项目质量管理体系；

   4 监督检查项目质量管理体系的实施情况；

   5 收集、分析和反馈质量信息，并制定纠正措施。

11.2 质量计划

11.2.1 项目策划过程中应由质量经理负责组织编制质量计划，经项目经理批准发布。

11.2.2 项目质量计划应体现从资源投入到完成工程交付的全过程质量管理与控制要求。

11.2.3 项目质量计划的编制应根据下列主要内容：

   1 合同中规定的产品质量特性、产品须达到的各项指标及其验收标准和其他质量要求；

   2 项目实施计划；

   3 相关的法律法规、技术标准；

   4 工程总承包企业质量管理体系文件及其要求。

11.2.4 项目质量计划应包括下列主要内容：

   1 项目的质量目标、指标和要求；

   2 项目的质量管理组织与职责；

   3 项目质量管理所需要的过程、文件和资源；

   4 实施项目质量目标和要求采取的措施。

11.3 质量控制

11.3.1 项目的质量控制应对项目所有输入的信息、要求和资源的有效性进行控制。

11.3.2 项目部应根据项目质量计划对设计、采购、施工和试运行阶段接口的质量进行重点控制。

11.3.3 项目质量经理应负责组织检查、监督、考核和评价项目质量计划的执行情况，验证实施效果并形成报告。对出现的问题、缺陷或不合格，应召开质量分析会，并制定整改措施。

11.3.4 项目部按规定应对项目实施过程中形成的质量记录进行标识、收集、保存和归档。

11.3.5 项目部应根据项目质量计划对分包工程项目质量进行控制。

11.4 质 量 改 进

11.4.1 项目部人员应收集和反馈项目的各种质量信息。

11.4.2 项目部应定期对收集的质量信息进行数据分析；召开质量分析会议，找出影响工程质量的原因，采取纠正措施，定期评价其有效性，并反馈给工程总承包企业。

11.4.3 工程总承包企业应依据合同约定对保修期或缺陷责任期内发生的质量问题提供保修服务。

11.4.4 工程总承包企业应收集并接受项目发包人意见，获取项目运行信息，应将回访和项目发包人满意度调查工作纳入企业的质量改进活动中。

12 项目费用管理

12.1 一般规定

12.1.1 工程总承包企业应建立项目费用管理系统以满足工程总承包管理的需要。

12.1.2 项目部应设置费用估算和费用控制人员，负责编制工程总承包项目费用估算，制定费用计划和实施费用控制。

12.1.3 项目部应对费用控制与进度控制和质量控制等进行统筹决策、协调管理。

12.1.4 项目部可采用赢得值管理技术及相应的项目管理软件进行费用和进度综合管理。

12.2 费用估算

12.2.1 项目部应根据项目的进展编制不同深度的项目费用估算。

12.2.2 编制项目费用估算的依据应包括下列主要内容：

1 项目合同；

2 工程设计文件；

3 工程总承包企业决策；

4 有关的估算基础资料；

5 有关法律文件和规定。

12.2.3 根据不同阶段的设计文件和技术资料，应采用相应的估算方法编制项目费用估算。

12.3 费用计划

12.3.1 项目费用计划应由控制经理组织编制，经项目经理批准后实施。

12.3.2 项目费用计划编制的主要依据应为经批准的项目费用估算、工作分解结构和项目进度计划。

12.3.3 项目部应将批准的项目费用估算按项目进度计划分配到各个工作单元，形成项目费用预算，作为项目费用控制的基准。

12.4 费用控制

12.4.1 项目部应采用目标管理方法对项目实施期间的费用进行过程控制。

12.4.2 费用控制应根据项目费用计划、进度报告及工程变更，采用检查、比较、分析、纠偏等方法和措施，对费用进行动态控制，将费用控制在项目批准的预算以内。

12.4.3 费用控制应按检查、比较、分析和纠偏的步骤进行，并应符合下列规定：

   1 应对工程项目费用执行情况进行跟踪和检测，采集相关数据；

   2 应对已完工作的预算费用与实际费用进行比较，发现费用偏差；

   3 应对比较的结果进行分析，确定偏差幅度、偏差产生的原因及对项目费用目标的影响程度；

   4 应根据工程的具体情况和偏差分析结果，对整个项目竣工时的费用进行预测，对可能的超支进行预警，采取适当的措施，把费用偏差控制在允许的范围内。

12.4.4 项目部应按合同变更程序进行费用变更管理，根据合同变更的内容和对费用、进度的要求，预测费用变更对质量、安全、职业健康和环境保护等的影响，并进行实施和控制。

12.4.5 项目部应定期编制项目费用执行报告。

13 项目安全、职业健康与环境管理

13.1 一般规定

13.1.1 工程总承包企业应按职业健康安全管理和环境管理体系要求，规范工程总承包项目的职业健康安全和环境管理。

13.1.2 项目部应设置专职管理人员，在项目经理领导下，具体负责项目安全、职业健康与环境管理的组织与协调工作。

13.1.3 项目安全管理应进行危险源辨识和风险评价，制定安全管理计划，并进行控制。

13.1.4 项目职业健康管理应进行职业健康危险源辨识和风险评价，制定职业健康管理计划，并进行控制。

13.1.5 项目环境保护应进行环境因素辨识和评价，制定环境保护计划，并进行控制。

13.2 安全管理

13.2.1 项目经理应为项目安全生产主要负责人，并应负有下列职责：

　　1 建立、健全项目安全生产责任制；

　　2 组织制定项目安全生产规章制度和操作规程；

　　3 组织制定并实施项目安全生产教育和培训计划；

　　4 保证项目安全生产投入的有效实施；

　　5 督促、检查项目的安全生产工作，及时消除生产安全事故隐患；

　　6 组织制定并实施项目的生产安全事故应急救援预案；

　　7 及时、如实报告项目生产安全事故。

13.2.2 项目部应根据项目的安全管理目标，制定项目安全管理计划，并按规定程序批准实施。项目安全管理计划应包括下列主要内容：

　　1 项目安全管理目标；

　　2 项目安全管理组织机构和职责；

　　3 项目危险源辨识、风险评价与控制措施；

　　4 对从事危险和特种作业人员的培训教育计划；

　　5 对危险源及其风险规避的宣传与警示方式；

　　6 项目安全管理的主要措施与要求；

　　7 项目生产安全事故应急救援预案的演练计划。

13.2.3 项目部应对项目安全管理计划的实施进行管理，并应符合下列规定：

　　1 应为实施、控制和改进项目安全管理计划提供资源；

　　2 应逐级进行安全管理计划的交底或培训；

　　3 应对安全管理计划的执行进行监视和测量，动态识别潜在的危险源和紧急情况，采取措施，预防和减少危险。

13.2.4 项目安全管理必须贯穿于设计、采购、施工和试运行各阶段，并应符合下列规定：

　　1 设计应满足本质安全要求；

　　2 采购应对设备、材料和防护用品进行安全控制；

　　3 施工应对所有现场活动进行安全控制；

　　4 项目试运行前，应开展项目安全检查等工作。

13.2.5 项目部应配合项目发包人按规定向相关部门申报项目安全施工措施的有关文件。

13.2.6 在分包合同中，项目承包人应明确相应的安全要求，项目分包人应按要求履行其安全职责。

13.2.7 项目部应制定生产安全事故隐患排查治理制度，采取技术和管理措施，及时发现并消除事故隐患，应记录事故隐患排查治理情况，并应向从业人员通报。

13.2.8 当发生安全事故时，项目部应立即启动应急预案，组织实施应急救援并按规定及时、如实报告。

13.3 职业健康管理

13.3.1 项目部应按工程总承包企业的职业健康方针，制定项目职业健康管理计划，并按规定程序批准实施。项目职业健康管理计划宜包括下列主要内容：

　　1 项目职业健康管理目标；

　　2 项目职业健康管理组织机构和职责；

　　3 项目职业健康管理的主要措施。

13.3.2 项目部应对项目职业健康管理计划的实施进行管理，并应符合下列规定：

　　1 应为实施、控制和改进项目职业健康管理计划提供必要的资源；

　　2 应进行职业健康的培训；

　　3 应对项目职业健康管理计划的执行进行监视和测量，动态识别潜在的危险源和紧急情况，采取措施，预防和减少伤害。

13.3.3 项目部应制定项目职业健康的检查制度，对影响职业健康的因素采取措施，记录并保存检查结果。

13.4 环 境 管 理

13.4.1 项目部应根据批准的建设项目环境影响评价文件，编制用于指导项目实施过程的项目环境保护计划，并按规定程序批准实施，包括下列主要内容：

  1 项目环境保护的目标及主要指标；

  2 项目环境保护的实施方案；

  3 项目环境保护所需的人力、物力、财力和技术等资源的专项计划；

  4 项目环境保护所需的技术研发和技术攻关等工作；

  5 项目实施过程中防治环境污染和生态破坏的措施，以及投资估算。

13.4.2 项目部应对项目环境保护计划的实施进行管理，并应符合下列规定：

  1 应为实施、控制和改进项目环境保护计划提供必要的资源；

  2 应进行环境保护的培训；

  3 应对项目环境保护管理计划的执行进行监视和测量，动态识别潜在的环境因素和紧急情况，采取措施，预防和减少对环境产生的影响；

  4 落实环境保护主管部门对施工阶段的环保要求，以及施工过程中的环境保护措施；对施工现场的环境进行有效控制，建立良好的作业环境。

13.4.3 项目部应制定项目环境巡视检查和定期检查制度，对影响环境的因素应采取措施，记录并保存检查结果。

13.4.4 项目部应建立环境管理不符合状况的处置和调查程序，明确有关职责和权限，实施纠正措施。

14 项目资源管理

14.1 一 般 规 定

14.1.1 工程总承包企业应建立并完善项目资源管理机制，使项目人力、设备、材料、机具、技术和资金等资源适应工程总承包项目管理的需要。

14.1.2 项目资源管理应在满足实现工程总承包项目的质量、安全、费用、进度以及其他目标需要的基础上，进行项目资源的优化配置。

14.1.3 项目资源管理的全过程应包括项目资源的计划、配置、控制和调整。

14.2 人力资源管理

14.2.1 项目部应根据项目实施计划，编制人力资源需求、使用和培训计划，经工程总承包企业批准，配置项目人力资源，建立项目团队。

14.2.2 项目部应对项目人力资源进行优化配置和成本控制，并对项目从业人员的从业资格与能力进行管理。

14.2.3 项目部应根据工程总承包企业要求，制定项目绩效考核和奖惩制度，对项目部人员实施考核和奖惩。

14.3 设备材料管理

14.3.1 项目部应编制设备、材料控制计划，建立项目设备、材料控制程序和现场管理规定，对设备、材料进行管理和控制。

14.3.2 项目部设备、材料管理人员应对设备、材料进行入场检验、仓储管理、出入库管理和不合格品管理等。

14.3.3 项目部应依据合同约定对项目发包人提供的设备、材料进行控制。

14.4 机 具 管 理

14.4.1 项目部应编制项目机具需求和使用计划。对进入施工现场的机具应进行检验和登记，并按要求报验。

14.4.2 项目部应对现场施工机具的使用统一进行管理。

14.5 技 术 管 理

14.5.1 项目部应执行工程总承包企业相关技术管理规定，对项目的技术资源与技术活动进行计划、组织、协调和控制。

14.5.2 项目部应对设计、采购、施工和试运行过程中涉及的技术资源与技术活动进行过程管理。

14.5.3 项目部应依据合同约定和工程总承包企业知识产权有关规定，对项目所涉及的知识产权进行管理。

14.6 资 金 管 理

14.6.1 项目部及工程总承包企业相关职能部门应制定资金管理目标和计划，对项目实施过程中的资金流进行管理和控制。

14.6.2 项目部应根据工程总承包企业的资金管理规章制度，制定项目资金管理规定，并接受企业财务部门的监督、检查和控制。

14.6.3 项目部应配合工程总承包企业相关职能部门，依法进行项目的税费筹划和管理。

14.6.4 项目部应对项目资金计划进行管理。项目财务管理人员应根据项目进度计划、费用计划、合同价款及支付条件，编制项目资金流动计划和项目财务用款计划，按规定程序审批和实施。

14.6.5 项目部应依据合同约定向项目发包人提交工程款结算报告和相关资料，收取工程价款。

14.6.6 项目部应对资金风险进行管理。分析项目资金收入和支出情况，降低资金使用成本，提高资金使用效率，规避资金风险。

14.6.7 项目部应根据工程总承包企业财务制度，向企业财务部门提出项目财务报表。

14.6.8 项目竣工后，项目部应完成项目成本和经济效益分析报告，并上报工程总承包企业相关职能部门。

15 项目沟通与信息管理

15.1 一 般 规 定

15.1.1 工程总承包企业应建立项目沟通与信息管理系统，制定沟通与信息管理程序和制度。

15.1.2 工程总承包企业应利用现代信息及通信技术对项目全过程所产生的各种信息进行管理。

15.1.3 项目部应运用各种沟通工具及方法，采取相应的组织协调措施与项目干系人进行信息沟通。

15.1.4 项目部应根据项目规模、特点与工作需要，设置专职或兼职项目信息管理和文件管理控制岗位。

15.2 沟 通 管 理

15.2.1 项目沟通管理应贯穿工程总承包项目管理的全过程。

15.2.2 项目部应制定项目沟通管理计划，明确沟通的内容和方式，并根据项目实施过程中的情况变化进行调整。

15.2.3 项目部应根据工程总承包项目的特点，以及项目相关方不同的需求和目标，采取协调措施。

15.3 信 息 管 理

15.3.1 项目部应建立与企业相匹配的项目信息管理系统，实现数据的共享和流转，对信息进行分析和评估。

15.3.2 项目部应制定项目信息管理计划，明确信息管理的内容和方式。

15.3.3 项目信息管理系统应符合下列规定：

    1 应与工程总承包企业的信息管理系统相兼容；

    2 应便于信息的输入、处理和存储；

    3 应便于信息的发布、传递和检索；

    4 应具有数据安全保护措施。

15.3.4 项目部应制定收集、处理、分析、反馈和传递项目信息的管理规定，并监督执行。

15.3.5 项目部应依据合同约定和工程总承包企业有关规定，确定项目统一的信息结构、分类和编码规则。

15.4 文 件 管 理

15.4.1 项目文件和资料应随项目进度收集和处理，并按项目统一规定进行管理。

15.4.2 项目部应按档案管理标准和规定，将设计、采购、施工和试运行阶段形成的文件和资料进行归档，档案资料应真实、有效和完整。

15.5 信息安全及保密

15.5.1 项目部应遵守工程总承包企业信息安全的有关规定，并应符合合同要求。

15.5.2 项目部应根据工程总承包企业信息安全和保密有关规定，采取信息安全与保密措施。

15.5.3 项目部应根据工程总承包企业的管理规定进行信息的备份和存档。

16　项目合同管理

16.1　一 般 规 定

16.1.1　工程总承包企业的合同管理部门应负责项目合同的订立，对合同的履行进行监督，并负责合同的补充、修改和（或）变更、终止或结束等有关事宜的协调与处理。

16.1.2　工程总承包项目合同管理应包括工程总承包合同和分包合同管理。

16.1.3　项目部应根据工程总承包企业合同管理规定，负责组织对工程总承包合同的履行，并对分包合同的履行实施监督和控制。

16.1.4　项目部应根据工程总承包企业合同管理要求和合同约定，制定项目合同变更程序，把影响合同要约条件的变更纳入项目合同管理范围。

16.1.5　工程总承包合同和分包合同以及项目实施过程的合同变更和协议，应以书面形式订立，并成为合同的组成部分。

16.2　工程总承包合同管理

16.2.1　项目部应根据工程总承包企业相关规定建立工程总承包合同管理程序。

16.2.2　工程总承包合同管理宜包括下列主要内容：

　1　接收合同文本并检查、确认其完整性和有效性；

　2　熟悉和研究合同文本，了解和明确项目发包人的要求；

　3　确定项目合同控制目标，制定实施计划和保证措施；

　4　检查、跟踪合同履行情况；

　5　对项目合同变更进行管理；

　6　对合同履行中发生的违约、索赔和争议处理等事宜进行处理；

　7　对合同文件进行管理；

　8　进行合同收尾。

16.2.3　项目部合同管理人员应全过程跟踪检查合同履行情况，收集和整理合同信息和管理绩效评价，并应按规定报告项目经理。

16.2.4　项目合同变更应按下列程序进行：

　1　提出合同变更申请；

　2　控制经理组织相关人员开展合同变更评审并提出实施和控制计划；

　3　报项目经理审查和批准，重大合同变更应报工程总承包企业负责人签认；

　4　经项目发包人签认，形成书面文件；

5 组织实施。

16.2.5 提出合同变更申请时应填写合同变更单。合同变更单宜包括下列主要内容：

1 变更的内容；

2 变更的理由和处理措施；

3 变更的性质和责任承担方；

4 对项目质量、安全、费用和进度等的影响。

16.2.6 合同争议处理应按下列程序进行：

1 准备并提供合同争议事件的证据和详细报告；

2 通过和解或调解达成协议，解决争议；

3 和解或调解无效时，按合同约定提交仲裁或诉讼处理。

16.2.7 项目部应依据合同约定，对合同的违约责任进行处理。

16.2.8 合同索赔处理应符合下列规定：

1 应执行合同约定的索赔程序和规定；

2 应在规定时限内向对方发出索赔通知，并提出书面索赔报告和证据；

3 应对索赔费用和工期的真实性、合理性及准确性进行核定；

4 应按最终商定或裁定的索赔结果进行处理。索赔金额可作为合同总价的增补款或扣减款。

16.2.9 项目合同文件管理应符合下列规定：

1 应明确合同管理人员在合同文件管理中的职责，并依据合同约定的程序和规定进行合同文件管理；

2 合同管理人员应对合同文件定义范围内的信息、记录、函件、证据、报告、合同变更、协议、会议纪要、签证单据、图纸资料、标准规范及相关法规等进行收集、整理和归档。

16.2.10 合同收尾工作应符合下列规定：

1 合同收尾工作应依据合同约定的程序、方法和要求进行；

2 合同管理人员应建立合同文件索引目录；

3 合同管理人员确认合同约定的保修期或缺陷责任期已满并完成了缺陷修补工作时，应向项目发包人发出书面通知，要求项目发包人组织核定工程最终结算及签发合同项目履约证书或验收证书，关闭合同；

4 项目竣工后，项目部应对合同履行情况进行总结和评价。

16.3 分包合同管理

16.3.1 项目部及合同管理人员，应依据合同约定，将需要订立的分包合同纳入整体合同管理范围，并要求分包合同管理与工程总承包合同管理保持协调一致。

16.3.2 项目部应依据合同约定和企业授权，订立设计、采购、施工、试运行或其他咨询服务分包合同。

16.3.3 项目部应对分包合同生效后的履行、变更、违约、索赔、争议处理、终止或收尾结束的全部活动实施监督和控制。

16.3.4 分包合同管理宜包括下列主要内容：

　　1 明确分包合同的管理职责；

　　2 分包招标的准备和实施；

　　3 分包合同订立；

　　4 对分包合同实施监控；

　　5 分包合同变更处理；

　　6 分包合同争议处理；

　　7 分包合同索赔处理；

　　8 分包合同文件管理；

　　9 分包合同收尾。

16.3.5 项目部应依据合同约定，明确分包类别及职责，组织订立分包合同，协调和监督分包合同的履行。

16.3.6 项目部可根据工程总承包项目的范围、内容、要求和资源状况等进行分包，分包方式根据项目实际情况确定。

16.3.7 项目承包人与项目分包人应订立分包合同。

16.3.8 项目部应按下列规定组织分包合同谈判：

　　1 应明确谈判方针和策略，制定谈判工作计划；

　　2 应按计划做好谈判准备工作；

　　3 应明确谈判的主要内容，并按计划组织实施。

16.3.9 项目部应组织分包合同的评审，确定最终的合同文本，按工程总承包企业规定或经授权订立分包合同。

16.3.10 分包合同文件组成及其优先次序应包括下列内容：

　　1 协议书；

　　2 中标通知书；

　　3 专用条款；

　　4 通用条款；

　　5 投标书和构成合同组成部分的其他文件；

　　6 招标文件。

16.3.11 分包合同履行的管理应符合下列规定：

　　1 项目部应依据合同约定，对项目分包人的合同履行进行监督和管理，并履行约定的责任和义务；

　　2 合同管理人员应对分包合同确定的目标实行跟踪监督和动态管理；

　　3 在分包合同履行过程中，项目分包人应向项目承包人负责。

16.3.12 项目部应按合同变更程序进行分包合同变更管理，根据分包合同变更的内容和对分包的要求，预测相关费用和进度，并实施和控制。分包合同变更应成为分包合同的组成部分。对于合同变更，项目部应按规定向工程总承包企业合同管理部门报告。

16.3.13 分包合同变更应按下列程序进行：

1 综合评估分包变更实施方案对项目质量、安全、费用和进度等的影响；

2 根据评估意见调整或完善后的实施方案，报项目经理审查并按工程总承包企业合同管理程序审批；

3 进行沟通和谈判，签订分包变更合同或协议；

4 监控变更合同或协议的实施。

16.3.14 分包合同收尾应符合下列规定：

1 项目部应按分包合同约定程序和要求进行分包合同的收尾；

2 合同管理人员应对分包合同约定目标进行核查和验证，当确认已完成缺陷修补并达标时，进行分包合同的最终结算和关闭分包合同的工作；

3 当分包合同关闭后应进行总结评价工作，包括对分包合同订立、履行及其相关效果的评价。

17 项 目 收 尾

17.1 一 般 规 定

17.1.1 项目收尾工作应由项目经理负责。

17.1.2 项目收尾工作宜包括下列主要内容：

    1 依据合同约定，项目承包人向项目发包人移交最终产品、服务或成果；

    2 依据合同约定，项目承包人配合项目发包人进行竣工验收；

    3 项目结算；

    4 项目总结；

    5 项目资料归档；

    6 项目剩余物资处置；

    7 项目考核与审计；

    8 对项目分包人及供应商的后评价。

17.2 竣 工 验 收

17.2.1 项目竣工验收应由项目发包人负责。

17.2.2 工程项目达到竣工验收条件时，项目发包人应向负责竣工验收的单位提出竣工验收申请报告。

17.3 项 目 结 算

17.3.1 项目部应依据合同约定，编制项目结算报告。

17.3.2 项目部应向项目发包人提交项目结算报告及资料，经双方确认后进行项目结算。

17.4 项 目 总 结

17.4.1 项目经理应组织相关人员进行项目总结并编制项目总结报告。

17.4.2 项目部应完成项目完工报告。

17.5 考 核 与 审 计

17.5.1 工程总承包企业应依据项目管理目标责任书对项目部进行考核。

17.5.2 项目部应依据项目绩效考核和奖惩制度对项目团队成员进行考核。

17.5.3 项目部应依据工程总承包企业对项目分包人及供应商的管理规定对项目分包人及供应商进行后评价。

17.5.4 项目部应依据工程总承包企业有关规定配合项目审计。

本规范用词说明

1 为便于在执行本规范条文时区别对待，对要求严格程度不同的用词说明如下：

    1）表示很严格，非这样做不可的：

        正面词采用"必须"，反面词采用"严禁"；

    2）表示严格，在正常情况下均应这样做的：

        正面词采用"应"，反面词采用"不应"或"不得"；

    3）表示允许稍有选择，在条件许可时首先这样做的：

        正面词采用"宜"，反面词采用"不宜"；

    4）表示有选择，在一定条件下可以这样做的，可采用"可"。

2 条文中指明应按其他有关标准执行的写法为："应符合……的规定"或"应按……执行"。

中华人民共和国国家标准

建设项目工程总承包管理规范

GB/T 50358—2017

条 文 说 明

编 制 说 明

《建设项目工程总承包管理规范》GB/T 50358—2017，经住房和城乡建设部 2017 年 5 月 4 日以第 1535 号公告批准、发布。

本规范是在《建设项目工程总承包管理规范》GB/T 50358—2005 的基础上修订而成，前一版规范的主编单位是中国勘察设计协会建设项目管理和工程总承包分会，参编单位是中国成达工程公司、中国石化工程建设公司、北京国电华北电力工程有限公司、中冶京诚工程技术有限公司、中国寰球工程公司、上海建工集团总公司、中国电子工程设计院、中冶赛迪工程技术股份有限公司、中国纺织工业设计院、天津大学管理学院、统计大学经济管理学院、北京中寰工程项目管理公司、中国机械装备（集团）公司、中国石油天然气管道工程有限公司、铁道第四勘察设计院、五洲工程设计研究院、中国海诚工程科技股份有限公司、中国建筑工程总公司、中建国际建设公司、北京城建集团有限责任公司、中国有色矿业建设集团有限公司、中国冶金建设集团公司、水利部黄河水利委员会勘测规划设计研究院。主要起草人员是万柏春、何国瑞、胡德银、蔡强华、张秀东、蔡云、曹钢、范国庆、冯绍鋐、张名革、张宝丰、伍亿冰、王雪青、王亮、李培彬、林知炎、曹建勇。

本规范修订过程中，编制组充分发挥来自石油、石化、化工、冶金、电力、轻工、机械、铁道、电子、煤炭、建筑等行业工程总承包企业专家和高等院校项目管理专家的作用，系统总结了各行业近二十多年国内外工程总承包管理经验，依据国家相关法律法规，对规范修改内容反复讨论、斟酌，形成了一致意见。

本规范在原规范结构的基础上进行了优化，删除了原规范"工程总承包管理内容与程序"一章，其内容并入相关章节条文说明，增加了"项目风险管理"、"项目收尾"两章，将原规范相关章节的变更管理统一归集到项目合同管理一章。对其他章节部分条款按照相关规定做了适当修改。使规范在结构上更加完善，用词与定义更加一致，变更管理与项目合同管理更加协调。

为便于广大设计、施工、项目管理咨询、监理、科研、学校等单位有关人员在使用本规范时能正确理解和执行条文规定，《建设项目工程总承包管理规范》修订编制组按章、节、条顺序编制了本规范的条文说明，对条文规定的目的、依据等进一步说明和解释。本条文说明不具备与规范正文同等的法律效力，仅供使用者作为理解和把握规范规定的参考。

目　　次

1 总　　则

1.0.1 本规范是规范建设项目工程总承包管理活动的基本依据。

1.0.2 工程总承包项目过程管理包括：产品实现过程和项目管理过程。产品实现过程的管理，包括设计、采购、施工和试运行的管理。项目管理过程的管理，包括项目启动、项目策划、项目实施、项目控制和项目收尾的管理。

项目部在实施项目过程中，每一管理过程需体现策划（plan）、实施（do）、检查（check）、处置（action）即 PDCA 循环。

2 术　　语

2.0.1　工程总承包可以是全过程的承包，也可以是分阶段的承包。工程总承包的范围、承包方式、责权利等由合同约定。工程总承包有下列方式：

1　设计采购施工（EPC）/交钥匙工程总承包，即工程总承包企业依据合同约定，承担设计、采购、施工和试运行工作，并对承包工程的质量、安全、费用和进度等全面负责。

2　设计－施工总承包（D-B），即工程总承包企业依据合同约定，承担工程项目的设计和施工，并对承包工程的质量、安全、费用、进度、职业健康和环境保护等全面负责。

3　根据工程项目的不同规模、类型和项目发包人要求，工程总承包还可采用设计-采购总承包（E-P）和采购-施工总承包（P-C）等方式。

2.0.2　项目部是工程总承包企业为履行项目合同而临时组建的项目管理组织，由项目经理负责组建。项目部在项目经理领导下负责工程总承包项目的计划、组织、实施、控制和收尾等工作。项目部是一次性组织，随着项目启动而建立，随着项目结束而解散。项目部从履行项目合同的角度对工程总承包项目实行全过程的管理，工程总承包企业的职能部门按照职能规定对项目实施全过程进行支持，构成项目实施的矩阵式管理。项目部的主要成员，如设计经理、采购经理、施工经理、试运行经理和财务经理等，分别接受项目经理和工程总承包企业职能部门的管理。

2.0.3　项目管理一词在不同的应用领域有各种不同的解释。广义的项目管理解释，如美国项目管理学会（Project Management Institute-PMI）标准《项目管理知识体系指南》（A guide to the project management body of knowledge-PMBOK）定义：项目管理是把项目管理知识、技能、工具和技术用于项目活动中，以达到项目目标。ISO 10006《项目管理质量指南》（Guidelines to quality in project management）定义：项目管理包括在项目连续过程中对项目的各方面进行策划、组织、监测和控制等活动，以达到项目目标。本规范中项目管理是指工程总承包企业对工程总承包项目进行的项目管理，包括设计、采购、施工和试运行全过程的质量、安全、费用和进度等全方位的策划、组织实施、控制和收尾等。本规范所指项目管理适用于工程总承包项目管理应用领域。

2.0.4　项目管理体系需与企业的其他管理体系如质量管理体系、环境管理体系和职业健康安全管理体系等相容或互为补充。

2.0.6　项目管理计划由项目经理组织编制，向工程总承包企业管理层阐明管理合同项目的方针、原则、对策和建议。项目管理计划是企业内部文件，可以包含企业内部信息，例如风险和利润等，不向项目发包人提交。项目管理计划批准之后，由项目经理组织编制项目实施计划。

2.0.7 项目实施计划是项目实施的指导性文件，项目实施计划需报项目发包人确认，并作为项目实施的依据。依据工程总承包项目实施计划指导和协调各方面的单项计划，例如设计执行计划、采购执行计划、施工执行计划、试运行执行计划、质量计划、安全管理计划、职业健康管理计划、环境保护计划、进度计划和财务计划等，以保证项目协调、连贯地顺利进行。

2.0.8 用赢得值管理技术进行费用、进度综合控制，基本参数有三项：

    1 计划工作的预算费用（budgeted cost for work scheduled-BCWS）；

    2 已完工作的预算费用（budgeted cost for work performed-BCWP）；

    3 已完工作的实际费用（actual cost for work performed-ACWP）。

其中 BCWP 即所谓赢得值。

采用赢得值管理技术对项目的费用、进度综合控制，可以克服过去费用、进度分开控制的缺点：即当费用超支时，很难判断是由于费用超出预算，还是由于进度提前；当费用低于预算时，很难判断是由于费用节省，还是由于进度拖延。引入赢得值管理技术即可定量地判断进度、费用的执行效果。

在项目实施过程中，以上三个参数可以形成三条曲线，即 *BCWS*、*BCWP*、*ACWP* 曲线，如图 1 所示。

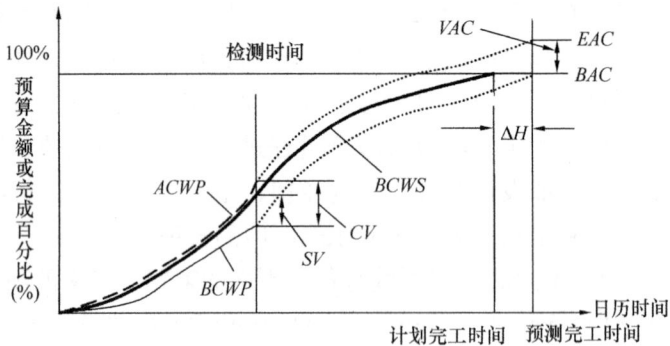

图 1　赢得值曲线

图 1 中：$CV = BCWP - ACWP$，由于两项参数均以已完工作为计算基准，所以两项参数之差，反映项目进展的费用偏差。

$CV = 0$，表示实际消耗费用与预算费用相符（on budget）；

$CV > 0$，表示实际消耗费用低于预算费用（under budget）；

$CV < 0$，表示实际消耗费用高于预算费用，即超预算（over budget）。

$SV = BCWP - BCWS$，由于两项参数均以预算值作为计算基准，所以两者之差，反映项目进展的进度偏差。

$SV = 0$，表示实际进度符合计划进度（on schedule）；

$SV > 0$，表示实际进度比计划进度提前（ahead）；

$SV < 0$，表示实际进度比计划进度拖后（behind）。

采用赢得值管理技术进行费用、进度综合控制，还可以根据当前的进度、费用偏差情况，通过原因分析，对趋势进行预测，预测项目结束时的进度、费用情况。

BAC (budget at completion) 为项目完工预算；

EAC (estimate at completion) 为预测的项目完工估算；

VAC (variance at completion) 为预测项目完工时的费用偏差；

$VAC = BAC - EAC$。

2.0.9 项目实施是执行项目计划并形成项目产品的过程。在这个过程中项目部的大量工作是组织和协调。项目实施按照项目计划开展工作。

2.0.10 项目控制是预防和发现与既定计划之间的偏差，并采取纠正措施。通常在项目计划中规定控制基准，例如赢得值管理技术中进度、费用控制基准（计划工作的预算费用 $BCWS$）。通常只有在项目范围变更的情况下才允许变更控制基准。工程总承包项目主要的控制有综合变更控制、范围变更控制、质量控制、风险控制、费用控制和进度控制等。

2.0.11 项目收尾包括两个方面的内容：一是合同收尾，完成合同规定的全部工作和决算，解决所有未了事项；二是管理收尾，收集、整理和归档项目文件，总结经验和教训，评价项目执行效果，为以后的项目提供参考。

2.0.12 根据我国基本建设程序，一般分为初步设计和施工图设计两个阶段。对于技术复杂而又缺乏设计经验的项目，经主管部门指定按初步设计、技术设计和施工图设计三个阶段进行。为实现设计程序和方法与国际接轨，有些工程项目已经采用发达国家的设计程序和方法，设计阶段划分为工艺（方案、概念）设计、基础工程设计和详细工程设计三个阶段，其深度和设计成品与国内初步设计和施工图设计有所不同。通常国内工程项目按初步设计和施工图设计的深度规定进行设计，涉外项目当项目发包人有要求时可按国际惯例进行设计。

2.0.13 广义的采购，包括设备、材料的采购和设计、施工及劳务采购。本规范的采购是指设备、材料的采购，而把设计、施工、劳务及租赁采购称为分包。

2.0.15 试运行在不同的领域表述不同，例如试车、开车、调试、联动试车、整套（或整体）试运、联调联试、竣工试验和竣工后试验等。

2.0.17 项目进度控制是以项目进度计划为控制基准，通过定期对进度绩效的测量，计算进度偏差，并对偏差原因进行分析，采取相应的纠正措施。当项目范围发生较大变化，或出现重大进度偏差时，经过批准可调整进度计划。

2.0.18 本规范所指项目费用是指工程总承包项目的费用，其范围仅包括合同约定的范围，不包括合同范围以外由项目发包人承担的费用。

2.0.19 项目费用控制是以项目费用预算为控制基准，通过定期对费用绩效的测量，计算费用偏差，对偏差原因进行分析，采取相应的纠正措施。当项目范围发生较大变化，或出现重大费用偏差时，经批准可调整项目费用预算。

2.0.20 项目质量计划是指为实现项目的目标，而对项目质量管理进行规划，它包括制定项目质量的目标、确定拟采用质量体系的目标及其所要求的活动。

2.0.21 项目质量控制的目的是采取一定的措施消除质量偏差，追求质量零缺陷。项目质量控制需贯穿于项目质量管理的全过程。

2.0.24 项目风险存续于项目的整个生命期，除了具有一般意义的风险特征外，由于项目的一次性、独特性、组织的临时性和开放性等特征，对于不同项目，其风险特征各有不同。项目风险管理需强调对项目组织、项目风险、风险管理的动态性以及各阶段过程的有效管理。

2.0.25 项目风险管理本身就是一个项目，有明确的项目目标和工作内容。

2.0.29 工程总承包合同的订立由工程总承包企业负责。

2.0.31 分包合同从广义上说，是指工程总承包企业为完成工程总承包合同，把部分工程或服务分包给其他组织所签订的合同。可以有设计分包合同、采购分包合同、施工分包合同和试运行分包合同等，都属于工程总承包合同的分包合同。

2.0.32 缺陷责任期一般应为 12 个月，最长不超过 24 个月。缺陷责任期满项目发包人需按合同约定向项目承包人返还质保金或保函等。

3 工程总承包管理的组织

3.2 任命项目经理和组建项目部

3.2.2 项目部的设立应包括下列主要内容:

结合项目特点,确定组织形式,并可通过成立设计组、采购组、施工组和试运行组进行项目管理。

3.4 项目部岗位设置及管理

3.4.1 安全经理这里指 HSE 经理,安全工程师这里指 HSE 工程师。HSE 是健康(Health)、安全(Safety)与环境(Environment)的英文缩写。

3.4.2 项目部的岗位设置,需满足项目需要,并明确各岗位的职责、权限和考核标准。项目部主要岗位的职责需符合下列要求:

1 项目经理

项目经理是工程总承包项目的负责人,经授权代表工程总承包企业负责履行项目合同,负责项目的计划、组织、领导和控制,对项目的质量、安全、费用、进度等负责。

2 控制经理

根据合同要求,协助项目经理制定项目总进度计划及费用管理计划。协调其他职能经理组织编制设计、采购、施工和试运行的进度计划。对项目的进度、费用以及设备、材料进行综合管理和控制,并指导和管理项目控制专业人员的工作,审查相关输出文件。

3 设计经理

根据合同要求,执行项目设计执行计划,负责组织、指导和协调项目的设计工作,按合同要求组织开展设计工作,对工程设计进度、质量、费用和安全等进行管理与控制。

4 采购经理

根据合同要求,执行项目采购执行计划,负责组织、指导和协调项目的采购工作,处理采购有关事宜和供应商的关系。完成项目合同对采购要求的技术、质量、安全、费用和进度以及工程总承包企业对采购费用控制的目标与任务。

5 施工经理

根据合同要求,执行项目施工执行计划,负责项目的施工管理,对施工质量、安全、费用和进度进行监控。负责对项目分包人的协调、监督和管理工作。

6 试运行经理

根据合同要求，执行项目试运行执行计划，组织实施项目试运行管理和服务。

7 财务经理

负责项目的财务管理和会计核算工作。

8 质量经理

负责组织建立项目质量管理体系，并保证有效运行。

9 安全经理

负责组织建立项目职业健康安全管理体系和环境管理体系，并保证有效运行。

10 商务经理

协助项目经理，负责组织项目合同的签订和项目合同管理。

11 行政经理

负责项目综合事务管理，包括办公室、行政和人力资源等工作。

3.6 项目经理的职责和权限

3.6.1 项目经理的职责需在工程总承包企业管理制度中规定，具体项目中项目经理的职责，需在项目管理目标责任书中规定。

4 项 目 策 划

4.1 一 般 规 定

4.1.1 通过工程总承包项目的策划活动,形成项目的管理计划和实施计划。

项目管理计划是工程总承包企业对工程总承包项目实施管理的重要内部文件,是编制项目实施计划的基础和重要依据。项目实施计划是对实现项目目标的具体和深化。对项目的资源配置、费用、进度、内外接口和风险管理等制定工作要点和进度控制点。通常项目实施计划需经过项目发包人的审查和确认。根据项目的实际情况,也可将项目管理计划的内容并入项目实施计划中。

4.1.2 项目策划内容中需体现企业发展的战略要求,明确本项目在实现企业战略中的地位,通过对项目各类风险的分析和研究,明确项目部的工作目标、管理原则、管理的基本程序和方法。

4.2 策 划 内 容

4.2.1 在项目实施过程中,技术、质量、安全、费用、进度、职业健康和环境保护等方面的目标和要求是相互关联和相互制约的。在进行项目策划时,需结合项目的实际情况,进行综合考虑、整体协调。由于项目策划的主要依据是合同,因此项目策划的输出需满足合同要求。

4.2.2 项目策划需包括下列主要内容:

4 资源的配置计划是确定完成项目活动所需的人力、设备、材料、技术、资金和信息等资源的种类和数量。资源配置计划根据项目工作分解结构编制。资源的配置对项目实施起着关键的作用,工程总承包企业根据项目目标,为项目配备合格的人员、足够的设施和财力等资源,以保证项目按照合同要求实施。

5 制定项目协调程序和规定,是项目策划工作中的一项重要内容,项目部与相关项目干系人之间的沟通,需在项目策划阶段予以确定,以保证项目实施过程中信息沟通及时和准确。

4.3 项目管理计划

4.3.1 项目经理需根据合同和工程总承包企业管理层的总体要求组织项目职能经理编制项目管理计划。管理计划需体现企业对项目实施的要求和项目经理对项目的总体规

189

划和实施方案，该计划属企业内部文件不对外发放。

4.3.3 本条所列内容为项目管理计划的基本内容，各行业可根据本行业的特点和项目的规模进行调整。项目管理计划需对项目的税费筹划和组织模式进行描述。

4.4 项目实施计划

4.4.1 项目实施计划是实现项目合同目标、项目策划目标和企业目标的具体措施和手段，也是反映项目经理和项目部落实工程总承包企业对项目管理的要求。项目实施计划需在项目管理计划获得批准后，由项目经理组织项目部人员进行编制。项目实施计划需具有可操作性。

4.4.2 项目实施计划的编制依据需包括下列主要内容：

　　2 项目管理目标责任书的内容按照各行业和企业的特点制定。实行项目经理负责制的项目需签订项目管理目标责任书。企业管理层的总体要求是工程总承包企业管理层对项目实施目标的具体要求，要将这些要求纳入到项目实施计划中。

　　3 项目的基础资料包括合同、批复文件等。

4.4.3 项目实施计划的具体内容：

　　1 概述：

　　　　1）项目简要介绍；

　　　　2）项目范围；

　　　　3）合同类型；

　　　　4）项目特点；

　　　　5）特殊要求。

　　当有特殊性时，需包括特殊要求。

　　2 总体实施方案：

　　　　1）项目目标；

　　　　2）项目实施的组织形式；

　　　　3）项目阶段的划分；

　　　　4）项目工作分解结构；

　　　　5）项目实施要求；

　　　　6）项目沟通与协调程序；

　　　　7）对项目各阶段的工作及其文件的要求；

　　　　8）项目分包计划。

　　3 项目实施要点：

　　　　1）工程设计实施要点；

　　　　2）采购实施要点；

　　　　3）施工实施要点；

　　　　4）试运行实施要点；

5）合同管理要点；

6）资源管理要点；

7）质量控制要点；

8）进度控制要点；

9）费用估算及控制要点；

10）安全管理要点；

11）职业健康管理要点；

12）环境管理要点；

13）沟通和协调管理要点；

14）财务管理要点；

15）风险管理要点；

16）文件及信息管理要点；

17）报告制度。

4 项目初步进度计划需确定下列活动的进度控制点：

1）收集相关的原始数据和基础资料；

2）发表项目管理规定；

3）发表项目计划；

4）发表项目进度计划；

5）发表工程设计执行计划；

6）发表项目采购执行计划；

7）发表项目施工执行计划；

8）发表项目试运行执行计划；

9）完成工程总承包企业内部项目费用估算和预算，发表项目费用进度计划。

5 项目设计管理

5.1 一 般 规 定

5.1.4 将采购纳入设计程序是工程总承包项目设计的重要特点之一。设计在设备、材料采购过程中一般包括下列工作：

1 提出设备、材料采购的请购单及询价技术文件；

2 负责对制造厂商的报价提出技术评价意见；

3 参加厂商协调会，参与技术澄清和协商；

4 审查确认制造厂商返回的先期确认图纸及最终确认图纸；

5 在设备制造过程中，协助采购处理有关设计、技术问题；

6 参与关键设备和材料的检验工作。

5.2 设计执行计划

5.2.1 设计执行计划是项目设计策划的成果，是重要的管理文件。

5.2.3 设计执行计划包含的内容可根据项目的具体情况进行调整。

5.3 设 计 实 施

5.3.1 设计执行计划控制目标是指设计执行计划中设置的有关合同项目技术管理、质量管理、安全管理、费用管理、进度管理和资源管理等方面的主要控制指标和要求。

5.3.2 项目设计基础数据和资料是在项目基础资料的基础上整理汇总而成的，是项目设计和建设的重要基础。不同的项目合同需要的设计基础数据和资料不同。一般包括下列主要内容：

1 现场数据（包括气象、水文、工程地质数据和其他现场数据）；

2 原料特性分析和产品标准与要求；

3 界区接点设计条件；

4 公用系统及辅助系统设计条件；

5 危险品、三废处理原则与要求；

6 指定使用的标准、规范、规程或规定；

7 可以利用的工程设施及现场施工条件等。

5.3.3 设计协调程序是项目协调程序中的一个组成部分，是指在合同约定的基础上进一步明确工程总承包企业与项目发包人之间在设计工作方面的关系、联络方式和报告审批制度。设计协调程序一般包括下列主要内容：

1 设计管理联络方式和双方对口负责人；

2 项目发包人提供设计所需的项目基础资料和项目设计数据的内容，并明确提供的时间和方式；

3 设计中采用非常规做法的内容；

4 设计中项目发包人需要审查、认可或批准的内容；

5 向项目发包人和施工现场发送设计图纸和文件的要求，列出图纸和文件发送的内容、时间、份数和发送方式，以及图纸和文件的包装形式、标志、收件人姓名和地址等；

6 依据合同约定，确定备品备件的内容和数量；

7 设备、材料请购单的审查范围和审批程序；

8 按合同变更程序进行设计变更管理。

变更包括项目发包人变更和项目变更两种类型，变更申请包括变更的内容、原因和影响范围以及审批规定等。

5.3.4 设计评审主要是对设计技术方案进行评审，有多种方式，一般分为三级：

第一级：项目中重大设计技术方案由企业组织评审；

第二级：项目中综合设计技术方案由项目部组织评审；

第三级：专业设计技术方案由本专业所在部门组织评审。

项目设计评审程序需符合工程总承包企业设计评审程序的要求。

5.3.6 为使设计文件满足规定的深度要求，需对下列设计输入进行评审。

1 初步设计或基础工程设计：

1）项目前期工作的批准文件；

2）项目合同；

3）拟采用的标准规范；

4）项目发包人及相关方的其他意见和要求；

5）项目实施计划和设计执行计划；

6）工程设计统一规定；

7）工程总承包企业内部相关规定和成功的技术积累。

2 施工图设计或详细工程设计：

1）批准的初步设计文件；

2）项目合同；

3）拟采用的标准规范；

4）项目发包人及相关方的其他意见和要求；

5）内部评审意见；

6）项目实施计划和设计执行计划；

7）供货商图纸和资料；

8）工程设计统一规定；

9）工程总承包企业内部相关规定和成功的技术积累。

5.3.7 设计选用的设备、材料，除特殊要求外，不得限定或指定特定的专利、商标、品牌、原产地或供应商。

5.3.8 在施工前，组织设计交底或培训需说明设计意图，解释设计文件，明确设计对施工的技术、质量、安全和标准等要求。发现并消除图纸中的质量隐患，对存在的问题，及时协商解决，并保存相应的记录。

5.4 设 计 控 制

5.4.2 设计质量应按项目质量管理体系要求进行控制，制定控制措施。设计经理及各专业负责人应填写规定的质量记录，并向工程总承包企业职能部门反馈项目设计质量信息。设计质量控制点应包括下列主要内容：

3 设计策划的控制包括组织、技术和条件接口关系等。

5.4.3 设计变更程序包括下列主要内容：

1 根据项目要求或项目发包人指示，提出设计变更的处理方案；

2 对项目发包人指令的设计变更在技术上的可行性、安全性和适用性问题进行评估；

3 设计变更提出后，对费用和进度的影响进行评价，经设计经理审核后报项目经理批准；

4 评估设计变更在技术上的可行性、安全性和适用性；

5 说明执行变更对履约产生的有利或不利影响；

6 执行经确认的设计变更。

5.4.5 请购文件需由设计人员提出，经专业负责人和设计经理确认，提交控制人员组织审核，审核通过后提交采购，作为采购的依据。

5.5 设 计 收 尾

5.5.1 关闭合同所需的相关文件一般包括：

1 竣工图；

2 设计变更文件；

3 操作指导手册；

4 修正后的核定估算；

5 其他设计资料、说明文件等。

5.5.3 项目设计的经验与教训反馈给工程总承包企业有关职能部门，进行持续改进。

6 项目采购管理

6.2 采购工作程序

6.2.1 采购工作需按下列程序实施:

1 采购执行计划包括采购进度计划、物流计划、检验计划和材料控制计划。

2 采买:

1) 可采用招标、询比价、竞争性谈判和单一来源采购等方式进行采买。

2) 按询比价方式进行的采买,采买工程师需按照工程总承包企业制定的标准化格式,根据项目对设备、材料的要求编制询价文件。除技术、质量和商务要求外,询价文件可根据需要增加有关管理要求,使供货商的供货行为能满足项目管理的需要。

询价文件需包括技术文件和商务文件两部分。

技术文件根据设计提交的请购文件编制,包括:设备、材料规格书或数据表,设计图纸,采购说明书,适用的标准规范,需供应商提交的图纸、资料清单和进度要求等。

商务文件包括:询价函,报价须知,项目采购基本条件,对包装、运输、交付和服务的要求,报价回函和商务报价表模板等。

询比价方式进行的采买按以下程序进行:进行供应商资格预审,确认合格供应商,编制项目询价供应商名单;编制询价文件;实施询价,接受报价;组织报价评审;必要时与供应商澄清;签订采购合同或订单。

3 催交包括在办公室和现场进行催交。

4 检验包括驻厂监造和出厂检验等。

5 运输与交付包括合同约定的包装方式、运输的监督和交付。

6 仓储管理包括开箱检验、出入库管理和不合格品处置等。

7 现场服务管理包括采购技术服务、供货质量问题的处理、供应商专家服务的协调等。

8 采购收尾包括订单关闭、文件归档、剩余材料处理、供应商评定、采购完工报告编制以及项目采购工作总结等。

6.3 采购执行计划

6.3.3 采购执行计划需包括下列主要内容:

3 一般设备采购招标把标段称为标包。

集中采购是指同一企业内部或同一企业集团内部的采购管理集中化的方式，即通过对同一类材料进行集中化采购来降低采购成本。

6.4 采　　买

6.4.1 采买是从接受请购文件到签发订单的过程。

6.4.5 采购合同或订单的内容和格式由工程总承包企业编制。

6.5 催交与检验

6.5.1、6.5.2 催交是协调和督促供应商依据采购合同约定的进度交付文件和货物。

催交是指从订立采购合同或订单至货物交付期间为促使供货商履行合同义务，按时提交供货商文件、图纸资料和最终产品而采取的一系列督促活动。

催交工作的要点是及时发现供货进度已出现或潜在的问题，及时报告，督促供货商采取必要的补救措施，或采取有效的财务控制和其他控制措施，防止进度拖延和费用超支。当某一订单出现供货进度拖延，通过必要的协调手段和控制措施，使其对项目进度的影响控制在最小的范围内。

催交等级一般划分为 A、B、C 三级，每一等级要求相应的催交方式和频度。催交等级为 A 级的设备、材料一般每 6 周进行一次驻厂催交，并且每 2 周进行一次办公室催交。催交等级为 B 级的设备、材料一般每 10 周进行一次驻厂催交，并且每 4 周进行一次办公室催交。催交等级为 C 级的设备、材料一般可不进行驻厂催交，但需定期进行办公室催交，其催交频度视具体情况决定。会议催交视供货状态定期或不定期进行。

6.5.4 检验是通过观察和判断，必要时结合测量、试验所进行的符合性评价。

检验工作是设备、材料质量控制的关键环节。为确保设备、材料的质量符合采购合同的规定和要求，避免由于质量问题而影响工程进度和费用控制，项目采购组需做好设备、材料制造过程中的检验或监造以及出厂前的检验。

检验工作需从原材料进货开始，包括材料检验、工序检验、中间控制点检验和中间产品试验、强度试验、致密性试验、整机试验、表面处理检验直至运输包装检验及商检等全过程或部分环节。

检验方式可分为放弃检验（免检）、资料审阅、中间检验、车间检验、最终检验和项目现场检验。

6.5.6 检验人员需按规定编制驻厂监造及出厂检验报告。检验报告宜包括下列主要内容：

5 检验记录包括检验过程和目标记录、文件审查记录，以及未能目睹或未能得以证明的主要事项的记录。必要时，需附实况照片和简图。

7 检验结论中，对不符合合同要求的问题，需列出不符合项的内容，并对不符合项整改情况进行说明。如果在检验过程中有无法整改或无法消除的不符合项，需由项目经理组织相关专业人员进行论证，给出结论。

6.6 运输与交付

6.6.1 运输是将采购货物按计划安全运抵合同约定地点的活动。

运输业务是指供应商提供的设备、材料制造完工并验收完毕后，从采购合同或订单规定的发货地点到合同约定的施工现场或指定仓储这一过程中的运输、保险和货物交付等工作。

6.6.2 设备、材料的包装和运输需满足采购合同约定。在采购合同中，需包括包装规定、标识标准、多次装卸和搬运及运输安全、防护的要求。

6.6.3 超限设备是指包装后的总重量、总长度、总宽度或总高度超过国家、行业有关规定的设备。

做好超限设备的运输工作需注意下列主要内容：

1 从供应商获取准确的超限设备运输包装图、装载图和运输要求等资料。对经过的道路（铁路、公路）桥梁和涵洞进行调查研究，制定超限设备专项的运输方案或委托制定运输方案。

2 委托运输：

1） 编制完整准确的委托运输询价文件；

2） 严格执行对承运人的选择和评审程序，必要时，需进行实地考察；

3） 对运输报价进行严格的技术评审，包括方案和保证措施，签订运输合同；

4） 审查承运人提交的运输实施计划。

3 检验设备的运输包装、加固和防护等情况。

4 必要时，需进行监装、监卸和（或）监运。

5 必要时，需检查沿途的桥涵、道路的加固情况，落实港口起重能力和作业方案。

6 检查货运文件的完整、有效性。

6.6.4 国际运输是指按照与国外项目分包人（供应商或承运方）签订的进口合同所使用的贸易术语。采用各种运输工具，进行与贸易术语相应的，自装运口岸到目的口岸的国际间货物运输，并按照所用贸易术语中明确的责任范围办理相应手续，如：进口报关、商检和保险等。在国际采购和国际运输业务中，主要采用我国对外贸易中常用的装运港船上交货（FOB）、成本加运费（CFR）、成本加保险和运费（CIF）、货交承运人（FCA）、运费付至（CPT）、运费和保险费付至（CIP）等贸易术语。

6.6.6 根据设备、材料的不同类型，接收工作包括下列主要内容：

1 核查货运文件；

2 对数量（件数）进行验收；

3 检查货物和货运文件相一致；

4 检查外包装及裸装设备、材料的外观质量和标识；

5 对照清单逐项核查随货图纸、资料，并加以记录。

6.8 仓 储 管 理

6.8.1 仓储管理可由采购组或施工组负责管理。可设立相应的管理机构和岗位。

6.8.2 开箱检验以合同为依据，决定开箱检验工作范围和检验内容，进口设备、材料的开箱检验按照国家有关法律法规执行。

6.8.3 开箱检验需按合同检查设备、材料及其备品备件和专用工具的外观、数量以及随机文件等是否齐全，并做好记录。

7 项目施工管理

7.1 一般规定

7.1.2 由工程总承包企业负责施工管理的部门向项目部派出施工经理及施工管理人员，在项目执行过程中接受派遣部门和项目经理的管理，在满足项目矩阵式管理要求的形式下，实现项目施工的目标管理。

7.2 施工执行计划

7.2.4 项目部严格控制施工过程中有关工程设计和施工方案的重大变更。这些变更对施工执行计划将产生较大影响，需及时对影响范围和影响程度进行评审，当需要调整施工执行计划时，需按照规定重新履行审批程序。

7.3 施工进度控制

7.3.5 施工组对施工进度计划采取定期（按周或月）检查方式，掌握进度偏差情况，对影响因素进行分析，并按照规定提供月度施工进展报告，报告包括下列主要内容：

    1　施工进度执行情况综述；

    2　实际施工进度（图表）；

    3　已发生的变更、索赔及工程款支付情况；

    4　进度偏差情况及原因分析；

    5　解决偏差和问题的措施。

7.4 施工费用控制

7.4.1 项目部需进行施工范围规划和相应的工作结构分解，进而作出资源配置规划，确定施工范围内各类（项）活动所需资源的种类、数量、规格、品质等级和投入时间（周期）等，并作为进行施工费用估算和确定施工费用控制（支付）的基准。

7.4.3 项目部根据施工分包合同约定和施工进度计划，制定施工费用支付计划并予以控制。通常按下列程序进行：

    1　进行施工费用估算，确定计划费用控制基准。估算时，要考虑经济环境（如通货膨胀、税率和汇率等）的影响。当估算涉及重大不确定因素时，采取措施减小风险，并预留风险应急备用金。初步确定计划费用控制基准。

2 制定施工费用控制（支付）计划。在进行资源配置和费用估算的基础上，按照规定的费用核算和审核程序，明确相关的执行条件和约束条件（如许用限额、应急备用金等）并形成书面文件。

3 评估费用执行情况。对照计划的费用控制基准，确认实际发生与基准费用的偏差，做好分析和评价工作。采取措施对产生偏差的基本因素施加影响和纠正，使施工费用得到控制。

4 对影响施工费用的内外部因素进行监控，预测、预报费用变化情况，可按照规定程序作出合理调整，以保证工程项目正常进展。

7.5 施工质量控制

7.5.1 对特殊过程质量管理一般符合下列规定，并保存记录：

1 在质量计划中识别、界定特殊过程，或要求项目分包人进行识别，项目部加以确认；

2 按照有关程序编制或审核特殊过程作业指导书；

3 设置质量控制点对特殊过程进行监控，或对项目分包人控制的情况进行监督；

4 对施工条件变化而必须进行再确认的实施情况进行监督。

7.5.2 对设备、材料质量进行监督，确保合格的设备、材料应用于工程。对设备、材料质量的控制一般符合下列规定，并保存记录：

1 对进场的设备、材料按照有关标准和见证取样规定进行检验和标识，对未经检验或检验不合格的设备、材料按照规定进行隔离、标识和处置；

2 对项目分包人采购设备、材料的质量进行控制，必须保证合格的设备、材料用于工程；

3 对项目发包人提供的设备、材料依据合同约定进行质量控制，必须保证合格的设备、材料用于工程。

7.5.5 对施工过程质量进行测量监视所得到的数据，运用适宜的方法进行统计、分析和对比，识别质量持续改进的机会，确定改进目标，评审纠正措施的适宜性。采取合适的方式保证这一过程持续有效进行。

7.5.6 通过施工分包合同，明确项目分包人需承担的质量职责，审查项目分包人的质量计划与项目质量计划的一致性。

7.5.8 工程质量验收包括施工过程质量验收、工程质量预验收和竣工验收。

7.5.9 工程质量记录是反映施工过程质量结果的直接证据，是判定工程质量性能的重要依据。因此，保持质量记录的完整性和真实性是工程质量管理的重要内容。需组织或监督项目分包人做好工程竣工资料的收集、整理和归档等工作。同时，对项目分包人提供的竣工图纸和文件的质量进行评审。

7.6 施工安全管理

7.6.2 项目部进行施工安全管理策划的目的,是确定针对性的安全技术和管理措施计划,以控制和减少施工不安全因素,实现施工安全目标。策划过程包括对施工危险源的识别、风险评价和风险应对措施等的制定。

    1 根据工程施工的特点和条件,识别需控制的施工危险源,它们涉及:

      1) 正常的、周期性和临时性、紧急情况下的活动;

      2) 进入施工现场所有人员的活动;

      3) 施工现场内所有的物料、设施和设备。

    2 采用适当的方法,根据对可预见的危险情况发生的可能性和后果的严重程度,评价已识别的全部施工危险源,根据风险评价结果,确定重大施工危险源。

    3 风险应对措施根据风险程度确定:

      1) 对一般风险通过现行运行程序和规定予以控制;

      2) 对重大风险,除执行现行运行程序和规定予以控制外,还需编制专项施工方案或专项安全措施予以控制。

7.6.7 施工记录包括施工安全记录。

7.7 施工现场管理

7.7.1 现场施工开工前的准备工作一般包括下列主要内容:

    1 现场管理组织及人员;

    2 现场工作及生活条件;

    3 施工所需的文件、资料以及管理程序和规章制度;

    4 设备、材料、物资供应及施工设施、工器具准备;

    5 落实工程施工费用;

    6 检查施工人员进入现场并按计划开展工作的条件;

    7 需要社会资源支持条件的落实情况。

    通常,需将重要的准备工作纳入施工执行计划,作为施工管理的依据。

7.7.4 项目部需落实专人负责管理现场卫生防疫工作,并检查职业健康工作和急救设施等的有效性。

8 项目试运行管理

8.1 一般规定

8.1.1 项目部在试运行阶段中的责任和义务，是依据合同约定的范围与目标向项目发包人提供试运行过程的指导和服务。对交钥匙工程，项目承包人依据合同约定对试运行负责。

8.1.3 试运行的准备工作包括：人力、机具、物资、能源、组织系统、许可证、安全、职业健康和环境保护，以及文件资料等的准备。试运行需要准备的资料包括：操作手册、维修手册和安全手册等，项目发包人委托事项及存在问题说明。

8.2 试运行执行计划

8.2.1 在项目初始阶段，试运行经理需根据合同和项目计划，组织编制试运行执行计划。

8.2.2 试运行执行计划包括下列主要内容：

  1 总体说明：项目概况、编制依据、原则、试运行的目标、进度和试运行步骤，对可能影响试运行执行计划的问题提出解决方案；

  2 组织机构：提出参加试运行的相关单位，明确各单位的职责范围，提出试运行组织指挥系统，明确各岗位的职责和分工；

  3 进度计划：试运行进度表；

  4 资源计划：包括人员、机具、材料、能源配备及应急设施和装备等计划；

  5 费用计划：试运行费用计划的编制和使用原则，按照计划中确定的试运行期限，试运行负荷，试运行产量，原材料、能源和人工消耗等计算试运行费用；

  6 培训计划：培训范围、方式、程序、时间和所需费用等；

  11 项目发包人和相关方的责任分工：通常由项目发包人领导，组建统一指挥体系，明确各相关方的责任和义务。

8.2.3 为确保试运行执行计划正常实施和目标任务的实现，项目部及试运行经理明确试运行的输入要求（包括对施工安装达到竣工标准和要求，并认真检查实施绩效）和满足输出要求（为满足稳定生产或满足使用，提供合格的生产考核指标记录和现场证据），使试运行成为正式投入生产或投入使用的前提和基础。

8.3 试运行实施

8.3.1 试运行经理需依据合同约定，负责组织或协助项目发包人编制试运行方案。试运行方案宜包括下列主要内容：

    2 试运行方案的编制按照下列原则：

        1）编制试运行总体方案，包括生产主体、配套和辅助系统以及阶段性试运行安排；

        2）按照实际情况进行综合协调，合理安排配套和辅助系统先行或同步投运，以保证主体试运行的连续性和稳定性；

        3）按照实际情况统筹安排，为保证计划目标的实现，及时提出解决问题的措施和办法；

        4）对采用第三方技术或邀请示范操作团队时，事先征求专利商或示范操作团队的意见并形成书面文件，指导试运行工作正常进展。

  8、9 环境保护设施投运安排和安全及职业健康要求都需包括对应急预案的要求。

9 项目风险管理

9.2 风 险 识 别

9.2.2 项目风险识别一般采用专家调查法、初始清单法、风险调查法、经验数据法和图解法等方法。

9.3 风 险 评 估

9.3.2 项目风险评估一般采用调查和专家打分法、层次分析法、模糊数学法、统计和概率法、敏感性分析法、故障树分析法、蒙特卡洛模拟分析和影响图法等方法。

9.4 风 险 控 制

9.4.2 项目风险控制一般采用审核检查法、费用偏差分析法和风险图表表示法等方法。

10 项目进度管理

10.1 一般规定

10.1.3 赢得值管理技术在项目进度管理中的运用，主要是控制进度偏差和时间偏差。网络计划技术在进度管理中的运用主要是关键线路法。用控制关键活动，分析总时差和自由时差来控制进度。用控制基本活动的进度来达到控制整个项目的进度。

10.2 进度计划

10.2.1 工作分解结构（WBS）是一种层次化的树状结构，是将项目划分为可以管理的项目工作任务单元。项目的工作分解结构一般分为以下层次：项目、单项工程、单位工程、组码、记账码和单元活动。通常按各层次制定进度计划。

10.2.2 进度计划不仅是单纯的进度安排，还载有资源。根据执行计划所消耗的各类资源预算值，按照每项具体任务的工作周期展开并进行资源分配。进度计划编制说明中风险分析包括经济风险、技术风险、环境风险和社会风险等。控制措施包括组织措施、经济措施和技术措施。

项目进度计划文件包括下列主要内容：

    1 进度计划图表。可选择采用单代号网络图、双代号网络图、时标网络计划和隐含有活动逻辑关系的横道图。进度计划图表中宜包括测量基准、计划进度基准曲线及资源配置。

    2 进度计划编制说明。包括进度计划编制依据、计划目标、关键线路说明、资源要求、外部约束条件、风险分析和控制措施。

10.2.3 项目总进度计划包括下列主要内容：

    1 表示各单项工程的周期，以及最早开始时间，最早完成时间，最迟开始时间和最迟完成时间，并表示各单项工程之间的衔接；

    2 表示主要单项工程设计进度的最早开始时间和最早完成时间，以及初步设计或基础工程设计完成时间；

    3 表示关键设备、材料的采购进度计划，以及关键设备、材料运抵现场时间。关键设备、材料主要是指供货周期长和贵重材质的设备和材料；

    4 表示各单项工程施工的最早开始时间和最早完成时间，以及主要单项施工分包工程的计划招标时间；

    5 表示各单项工程试运行时间，以及供电、供水、供汽和供气时间，包括外部供给时间和内部单项（公用）工程向其他单项工程供给时间。

项目分进度计划是指项目总进度下的各级进度计划。

10.2.4 项目经理审查包括下列主要内容：

1 合同中规定的目标和主要控制点是否明确；

2 项目工作分解结构是否完整并符合项目范围要求；

3 设计、采购、施工和试运行之间交叉作业是否合理；

4 进度计划与外部条件是否衔接；

5 对风险因素的影响是否有防范对策和应对措施；

6 进度计划提出的资源要求是否能满足；

7 进度计划与质量、安全和费用计划等是否协调。

10.3 进 度 控 制

10.3.3 进度偏差分析需按下列程序进行：

1 进度偏差运用赢得值管理技术分析，直观性强，简单明了，但它不能确定进度计划中的关键线路，因此不能用赢得值管理技术取代网络计划分析。

2 在活动滞后时间预测可能影响进度时，运用网络计划中的关键活动、自由时差和总时差来分析对进度的影响。

进度计划工期的控制原则如下：

1） 在计划工期等于合同工期时，进度计划的控制符合下列规定：

① 在关键线路上的活动出现拖延时，调整相关活动的持续时间或相关活动之间的逻辑关系，使调整后的计划工期为原计划工期；

② 在活动拖延时间小于或等于自由时差时，计划工期可不作调整；

③ 在活动拖延时间大于自由时差，但不影响计划工期时，根据后续工作的特性进行处理。

2） 在计划工期小于合同工期时，若需要延长计划工期，不得超过合同工期。

3） 在活动超前完成影响后续工作的设备材料、资金和人力等资源的合理安排时，需消除影响或放慢进度。

10.3.4 项目进度执行报告包含当前进度和产生偏差的原因，并提出纠正措施。

10.3.7 项目部对设计、采购、施工和试运行之间的接口关系进行重点监控。

1 在设计与采购的接口关系中，对下列主要内容的接口进度实施重点控制：

1） 设计向采购提交请购文件；

2） 设计对报价的技术评审；

3） 采购向设计提交订货的关键设备资料；

4） 设计对制造厂图纸的审查、确认和返回；

5） 设计变更对采购进度的影响。

2 在设计与施工的接口关系中，对下列主要内容的接口进度实施重点控制：

    1）施工对设计的可施工性分析；

    2）设计文件交付；

    3）设计交底或图纸会审；

    4）设计变更对施工进度的影响。

3 在设计与试运行的接口关系中，对下列主要内容的接口进度实施重点控制：

    1）试运行对设计提出试运行要求；

    2）设计提交试运行操作原则和要求；

    3）设计对试运行的指导与服务，以及在试运行过程中发现有关设计问题的处理对试运行进度的影响。

4 在采购与施工的接口关系中，对下列主要内容的接口进度实施重点控制：

    1）所有设备、材料运抵现场；

    2）现场的开箱检验；

    3）施工过程中发现与设备、材料质量有关问题的处理对施工进度的影响；

    4）采购变更对施工进度的影响。

5 在采购与试运行的接口关系中，对下列主要内容的接口进度实施重点控制：

    1）试运行所需材料及备件的确认；

    2）试运行过程中发现的与设备、材料质量有关问题的处理对试运行进度的影响。

6 在施工与试运行的接口关系中，对下列主要内容的接口进度实施重点控制：

    1）施工执行计划与试运行执行计划不协调时对进度的影响；

    2）试运行过程中发现的施工问题的处理对进度的影响。

10.3.8 项目分包人依据合同约定，定期向项目部报告分包工程的进度。

11　项目质量管理

11.1　一　般　规　定

11.1.3　质量管理人员（包括质量经理、质量工程师）在项目经理领导下，负责质量计划的制定和监督检查质量计划的实施。项目部建立质量责任制和考核办法，明确所有人员的质量管理职责。

11.2　质　量　计　划

11.2.1　小型项目的质量计划可并入项目计划。

11.2.4　项目质量计划需包括下列主要内容：

　3　所需的文件包括项目执行的标准规范和规程。

　4　采取的措施包括项目所要求的评审、验证、确认监视、检验和试验活动。

　项目质量计划的某些内容，可引用工程总承包企业质量体系文件的有关规定或在规定的基础上加以补充，但对本项目所特有的要求和过程的质量管理必须加以明确。

11.3　质　量　控　制

11.3.1　项目部确定项目输入的控制程序或有关规定，并规定对输入的有效性评审的职责和要求，以及在项目部内部传递、使用和转换的程序。

11.3.2　项目部在设计、采购、施工和试运行接口关系中对质量实施重点监控。

　1　在设计与采购的接口关系中，对下列主要内容的质量实施重点控制：

　　1）请购文件的质量；

　　2）报价技术评审的结论；

　　3）供应商图纸的审查、确认。

　2　在设计与施工的接口关系中，对下列主要内容的质量实施重点控制：

　　1）施工向设计提出要求与可施工性分析的协调一致性；

　　2）设计交底或图纸会审的组织与成效；

　　3）现场提出的有关设计问题的处理对施工质量的影响；

　　4）设计变更对施工质量的影响。

　3　在设计与试运行的接口关系中，对下列主要内容的质量实施重点控制：

　　1）设计满足试运行的要求；

2）试运行操作原则与要求的质量；

3）设计对试运行的指导与服务的质量。

4　在采购与施工的接口关系中，对下列主要内容的质量实施重点控制：

1）所有设备、材料运抵现场的进度与状况对施工质量的影响；

2）现场开箱检验的组织与成效；

3）与设备、材料质量有关问题的处理对施工质量的影响。

5　在采购与试运行的接口关系中，对下列主要内容的质量实施重点控制：

1）试运行所需材料及备件的确认；

2）试运行过程中出现的与设备、材料质量有关问题的处理对试运行结果的影响。

6　在施工与试运行的接口关系中，对下列主要内容的质量实施重点控制：

1）施工执行计划与试运行执行计划的协调一致性；

2）机械设备的试运转及缺陷修复的质量；

3）试运行过程中出现的施工问题的处理对试运行结果的影响。

11.3.3　没有设置质量经理的项目部，质量经理的工作由项目质量工程师完成。

不合格指产品质量的不合格品，不符合指管理体系运行的不符合项。

不合格品的控制符合下列规定：

1　对验证中发现的不合格品，按照不合格品控制程序规定进行标识、记录、评价、隔离和处置，防止非预期的使用或交付；

2　不合格品处置结果需传递到有关部门，其责任部门需进行不合格原因的分析，制定纠正措施，防止今后产生同样或同类的不合格品；

3　采取的纠正措施经验证效果不佳或未完全达到预期的效果时，需重新分析原因，进行下一轮计划、实施、检查和处理。

11.3.4　质量记录包括：评审记录和报告、验证记录、审核报告、检验报告、测试数据、鉴定（验收）报告、确认报告、校准报告、培训记录和质量成本报告等。

12 项目费用管理

12.1 一般规定

12.1.3 费用控制与进度控制、质量控制相互协调，防止对费用偏差采取不当的应对措施，而对质量和进度产生影响，或引起项目在后期出现较大风险。

12.2 费用估算

12.2.1 估算是为完成项目所需的资源及其所需费用的估计过程。在项目实施过程中，通常应编制初期控制估算、批准的控制估算、首次核定估算和二次核定估算。

估算，国际惯例的理解与国内所使用的含义不同。国内项目费用估算分为可行性研究报告或项目建议书投资估算、初步设计概算和施工图预算。而且上述估算、概算、预算通常指整个项目的投资总额，包括项目发包人负担的其他费用，例如建设单位管理费、试运行费等。国际惯例项目实施各阶段的费用估算都使用估算，在估算前加定义词以示区别，例如报价估算、初期控制估算、批准的控制估算和核定估算等。

本规范所指的估算和预算，仅指合同项目范围内的费用，不包括项目发包人负担的其他费用。

国际上通用项目费用估算有下列几种：

1 初期控制估算

初期控制估算是一种近似估算，在工艺设计初期采用分析估算法进行编制。在仅明确项目的规模、类型以及基本技术原则和要求等情况下，根据企业历年来按照统计学方法积累的工程数据、曲线、比值和图表等历史资料，对项目费用进行分析和估算，用作项目初期阶段费用控制的基准。

2 批准的控制估算

批准的控制估算的偏差幅度比初期控制估算的偏差幅度要小，在基础工程设计初期，用设备估算法进行编制。编制的主要依据是以工程项目所发表的工艺设计文件中得到已确定的设备表、工艺流程图和工艺数据，基础工程设计中有关的设计规格说明书（技术规定）和材料一览表，以及根据企业积累的工程经验数据等，结合项目的实际情况进行选取和确定各种费用系数，主要用作基础工程设计阶段的费用控制基准。

3 首次核定估算

此估算在基础工程设计完成时用设备详细估算法进行编制。首次核定估算偏差幅度比批准的控制估算的偏差幅度要小，用作详细工程设计阶段和施工阶段的费用控制基准。它依据的文件和资料是基础工程设计完成时发表的设计文件。由于文件深度原因，有的散装材料还需用系数估算有关费用。

首次核定估算的编制阶段与设计概算的编制阶段的设计条件比较接近，具体编制时可参照国内相关的初步设计概算编制规定。

4　二次核定估算

此估算在详细工程设计完成时用详细估算法进行编制，主要用以分析和预测项目竣工时的最终费用，并可作为工程施工结算的基础。它与施工图预算的编制的设计条件比较接近。设备和材料的价格采用订单上的价格。二次核定估算是偏差幅度最小的估算。编制依据为：

1）工程详细设计图纸；

2）设备、材料订货资料以及项目实施中各种实际费用和财务资料；

3）企业定额；

4）国家相关计价规范。

12.4　费用控制

12.4.1　费用控制是工程总承包项目费用管理的核心内容。工程总承包项目的费用控制不仅是对项目建设过程中发生费用的监控和对大量费用数据的收集，更重要的是对各类费用数据进行正确分析并及时采取有效措施，从而达到将项目最终发生的费用控制在预算范围之内。

12.4.2　预算是把批准的控制估算分配到记账码及单元活动或工作包，并按进度计划进行叠加，得出费用预算（基准）计划。

预算，国际惯例的理解与国内所使用的含义亦不相同。国内在施工图设计中使用预算；国际惯例通常是将经过批准的控制估算称为预算，且该预算是指按 WBS 进行分解和按进度进行分配了的控制估算。

12.4.3　确定项目费用控制目标后，需定期（宜以每月为控制周期）对已完工作的预算费用与实际费用进行比较，实际值偏离预算值时，分析产生偏差的原因，采取适当的纠偏措施，以确保费用目标的实现。

13 项目安全、职业健康与环境管理

13.2 安 全 管 理

13.2.2 项目部需根据项目的安全管理目标，制定项目安全管理计划，并按规定程序批准实施。项目安全管理计划需包括下列主要内容：

3 危险源及其带来的安全风险是项目安全管理的核心。工程总承包项目的危险源，从下列几个方面辨识：

1）项目的常规活动，如正常的施工活动；

2）项目的非常规活动，如加班加点，抢修活动等；

3）所有进入作业场所人员的活动，包括项目部成员，项目分包人，监理及项目发包人代表和访问者的活动；

4）作业场所内所有的设施，包括项目自有设施，项目分包人拥有的设施，租赁的设施等。

编制危险源清单有助于辨识危险源，及时采取措施，减少事故的发生。该清单在项目初始阶段进行编制。清单的内容一般包括：危险源名称、性质、风险评价和可能的影响后果，需采取的对策或措施。

危险源辨识、风险评估和实施必要措施的程序如图 2 所示。

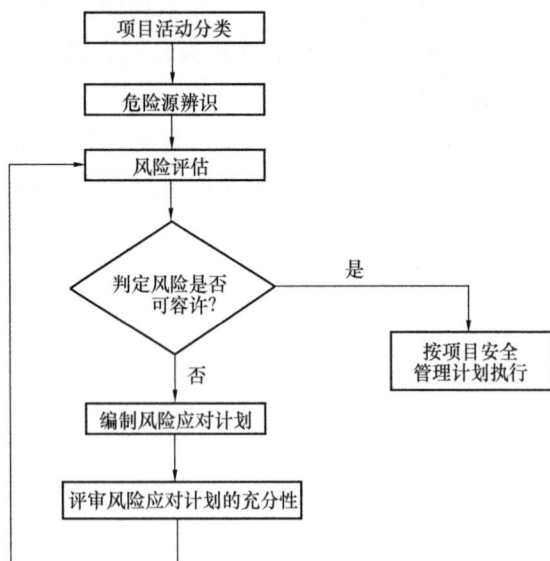

图 2 危险源辨识、风险评估与实施程序

13.2.3 项目部需对项目安全管理计划的实施进行管理。包括下列主要内容：

1 工程总承包企业最高管理者、企业各部门和项目部都为实施、控制和改进项目安全管理计划提供必要的人力、技术、物资、专项技能和财力等资源；

2 保证项目部人员和分包人等正确理解安全管理计划的内容和要求。

13.2.4 项目安全管理需贯穿于设计、采购、施工和试运行各阶段。

1 设计需满足项目运行使用过程中的安全以及施工安全操作和防护的需要，依规进行工程设计。

1）设计需保证项目本质安全，配合项目发包人报请当地安全、消防等机构的专项审查，确保项目实施及运行使用过程中的安全；

2）设计考虑施工安全操作和防护的需要，对涉及施工安全的重点部位和环节在设计文件中注明，并对防范安全事故提出指导意见；

3）采用新结构、新材料、新工艺的建设工程和特殊结构、特种设备的项目，在设计中提出保障施工作业人员安全和预防安全事故的措施建议。

2 项目采购对自行采购和分包采购的设备、材料和防护用品进行安全控制。采购合同包括相关安全要求的条款，并对供货、检验和运输安全作出明确规定。

3 施工阶段的安全管理需结合行业及项目特点，对施工过程中可能影响安全的因素进行管理。

4 项目试运行前，需对各单项工程组织安全验收。制定试运行安全技术措施，确保试运行过程的安全。

14 项目资源管理

14.1 一 般 规 定

14.1.2 项目资源优化是项目资源管理目标的计划预控，是项目计划的重要组成部分，包括资源规划、资源分配、资源组合、资源平衡和资源投入的时间安排等。

14.3 设备材料管理

14.3.2 项目部对拟进场的工程设备、材料进行检验，项目采购经理负责组织对到场设备、材料的到货状态当面进行核查、记录，办理交接手续。进场的设备、材料必须做到货物的型号、外观质量、数量和包装质量等各方面合格，资料齐全、准确。对检验验收过程中发现的不合格品实施有效的控制，并对待检设备、材料进行有效的防护和保管。

14.4 机 具 管 理

14.4.1 项目机具是指实施工程所需的各种施工机具、试运转工器具、检验与试验设备、办公用器具和项目部需要直接使用的其他设备资源。不包括移交给项目发包人的永久性工程设施。

14.5 技 术 管 理

14.5.3 工程总承包企业对项目有关著作权、专利权、专有技术权、商业秘密权和商标专用权等知识产权进行管理，同时尊重并合法使用他人的知识产权。

14.6 资 金 管 理

14.6.6 项目部对项目资金的收入和支出进行合理预测，对各种影响因素评估，调整项目管理行为，尽可能地避免资金风险。

15 项目沟通与信息管理

15.1 一般规定

15.1.2 采用基于计算机网络的现代信息沟通技术进行项目信息沟通，并不排除面对面的沟通及其他沟通方式。

15.1.4 项目信息管理人员一般包括信息技术管理工程师（IT工程师）和文件管理控制工程师，后者有时可由项目秘书兼任。

15.2 沟通管理

15.2.1 项目沟通的内容包括项目建设有关的所有信息，项目部需做好与政府相关主管部门的沟通协调工作，按照相关主管部门的管理要求，提供项目信息，办理与设计、采购、施工和试运行相关的法定手续，获得审批或许可。做好与设计、采购、施工和试运行有直接关系的社会公用性单位的沟通协调工作，获取和提交相关的资料，办理相关的手续及审批。

15.2.2 沟通可以利用下列方式和渠道：

 1 信息检索系统：包括档案系统、计算机数据库、项目管理软件和工程图纸等技术文件资料；

 2 工作分解结构（WBS）。项目沟通与工作分解结构有着重要联系，可利用工作分解结构来编制沟通计划；

 3 信息发送系统：包括会议纪要、文件、电子文档、共享的网络电子数据库、传真、电子邮件、网站、交谈和演讲等。

15.3 信息管理

15.3.5 项目编码系统通常包括项目编码（PBS）、组织分解结构（OBS）编码、工作分解结构（WBS）编码、资源分解结构（RBS）编码、设备材料代码、费用代码和文件编码等。项目信息分类考虑分类的稳定性、兼容性、可扩展性、逻辑性和实用性。项目信息的编码考虑编码的唯一性、合理性、包容性和可扩充性并简单适用。

15.4 文件管理

15.4.1 项目的文件和资料包括分包项目的文件和资料，在签订分包合同时需明确分包工程文件和资料的移交套数、移交时间、质量要求及验收标准等。工程资料的形成需与项目实施同步。分包工程完工后，项目分包人将有关工程资料依据合同约定移交。

15.4.2 项目数据、文字、表格、图纸和图像等信息，宜以电子化的形式存储。对具有法律效力的项目文档，需以纸质和电子化形式双重存储。

15.5 信息安全及保密

15.5.2 工程总承包企业需制定信息安全与保密管理程序、规定和措施，以保证文件、信息的安全，防止内部信息和领先技术的失密与流失，确保企业在市场中的竞争优势，包括下列主要工作：

    1 确保数据库的同步备份和异地灾害备份，避免项目信息数据的丢失；

    2 采用防火墙、数据加密等技术手段，防止被非法、恶意攻击、篡改或盗取；

    3 控制系统用户的权限，防止项目数据信息被不当利用或滥用。

16 项目合同管理

16.1 一般规定

16.1.2 工程总承包合同管理是指对合同订立并生效后所进行的履行、变更、违约、索赔、争议处理、终止或结束的全部活动的管理；分包合同管理是指对分包项目的招标、评标、谈判、合同订立，以及生效后的履行、变更、违约、索赔、争议处理、终止或结束的全部活动的管理。

16.2 工程总承包合同管理

16.2.2 工程总承包合同管理宜包括下列主要内容：

1 完整性和有效性是指合同文本的构成是否完整，合同的签署是否符合要求。

2 组织熟悉和研究合同文件，是项目经理在项目初始阶段的一项重要工作，是依法履约的基础。其目的是澄清和明确合同的全面要求并将其纳入项目实施过程中，避免潜在未满足项目发包人要求的风险。

16.2.7 项目部及合同管理人员依据合同约定及相关证据，对合同当事人及相关方承担的违约责任和（或）连带责任进行澄清和界定，其结果需形成书面文件，以作为受损失方用于获取补偿的证据。

16.2.9 项目合同文件管理需符合下列要求：

2 合同管理人员在履约中断、合同终止和（或）收尾结束时，做好合同文件的清点、保管或移交以及归档工作，满足合同相关方的需求。

16.2.10 合同收尾工作需符合下列要求：

1 当合同中没有明确规定时，合同收尾工作一般包括：收集并整理合同及所有相关的文件、资料、记录和信息，总结经验和教训，按照要求归档，实施正式的验收。依据合同约定获取正式书面验收文件。

16.3 分包合同管理

16.3.5 项目部需明确各类分包合同管理的职责。各类分包合同管理的职责如下：

1 设计：依据合同约定和要求，明确设计分包的职责范围，订立设计分包合同，协调和监督合同履行，确保设计目标和任务的实现；

2 采购：依据合同约定和要求，明确采购和服务的范围，订立采购分包合同，监督合同的履行，完成项目采购的目标和任务；

3 施工：依据合同约定和要求，在明确施工和服务职责范围的基础上，订立施工分包合同，监督和协调合同的履行，完成施工的目标和任务；

4 其他咨询服务：根据合同的需要，明确服务的职责范围，签订分包合同或协议，监督和协调分包合同或协议的履行，完成规定的目标和任务；

5 项目部对所有分包合同的管理职责，均与总承包合同管理职责协调一致，同时还需履行分包合同约定的项目承包人的责任和义务，并做好与项目分包人的配合与协调，提供必要的方便条件。

16.3.6 项目部可根据工程总承包项目的范围、内容、要求和资源状况等进行分包，分包方式根据项目实际情况确定。如果采用招标方式，其主要内容和程序需符合下列要求：

1 项目部需做好分包工程招标的准备工作，内容包括：

1）依据合同约定和项目计划要求，制定分包招标计划，落实需要的资源配置；

2）确定招标方式；

3）组织编制招标文件；

4）组建评标、谈判组织；

5）其他有关招标准备工作。

2 按照计划组织实施招标活动，内容包括：

1）按照规定的招标方式发布通告或邀请函；

2）对投标人进行资格预审或审查，确定合格投标人，发售招标文件；

3）组织招标文件的澄清；

4）接受合格投标人的投标书，并组织开标；

5）组织评标、决标；

6）发出中标通知书。

16.3.12 分包合同变更有下列两种情况：

1 项目部根据项目情况和需要，向项目分包人发出书面指令或通知，要求对分包范围和内容进行变更，经双方评审并确认后构成分包合同变更，按照变更程序处理；

2 项目部接受项目分包人书面的合理化建议，对其在技术性能、质量、安全维护、费用、进度和操作运行等方面的作用及产生的影响进行澄清和评审，确认后，构成分包合同变更，按照变更程序处理。

16.3.14 分包合同收尾纳入整个项目合同收尾范畴。

17 项目收尾

17.4 项目总结

17.4.1 项目总结报告需包括下列主要内容：

1 项目概况及执行效果；

2 报价及合同管理的经验和教训；

3 项目管理工作的情况；

4 项目的质量、安全、费用、进度的控制和管理情况；

5 设计、采购、施工和试运行实施结果；

6 项目管理最终数据汇总；

7 项目管理取得的经验与教训；

8 工作改进的建议。